U0566632

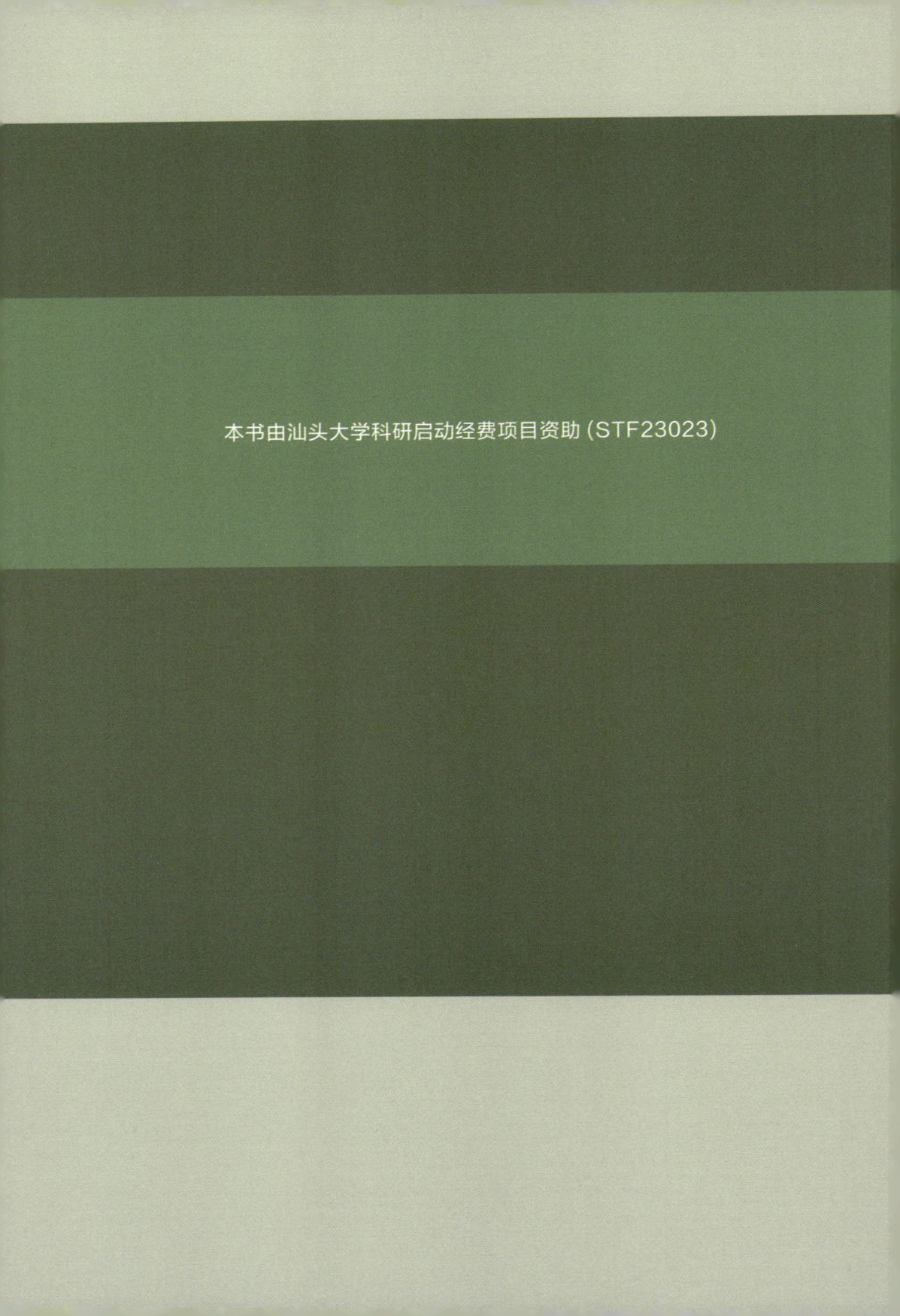

本书由汕头大学科研启动经费项目资助（STF23023）

环境正义

Environmental Justice

从理念到行动

From Conception to Action

虞新胜 著

社会科学文献出版社
SOCIAL SCIENCES ACADEMIC PRESS (CHINA)

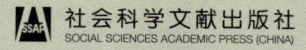

目 录

绪 论 …………………………………………………………… 1

第一章 正义及环境正义 …………………………………… 16
  第一节 作为共同体的社会正义 ………………………… 16
  第二节 作为共同体的环境正义 ………………………… 30

第二章 环境正义的理论渊源 ……………………………… 37
  第一节 马克思主义环境正义思想 ……………………… 37
  第二节 习近平生态文明思想 …………………………… 51
  第三节 西方环境正义的理论 …………………………… 59

第三章 环境正义的主要内容及其逻辑 …………………… 73
  第一节 环境正义之内容 ………………………………… 73
  第二节 环境正义之特征 ………………………………… 89
  第三节 环境正义之历史探寻 …………………………… 97

第四章 当前环境正义中存在的问题及其原因探究 ……… 105
  第一节 环境正义中存在的问题 ………………………… 105
  第二节 环境非正义的原因探究 ………………………… 116

第五章 环境正义之实现路径探索 ………………………… 127
  第一节 在人与自然关系上，保护好自然力，发展生态产业 ……… 127

第二节 在人与人的关系上，完善体制机制，更加重视生态弱势
群体的力量 ………………………………………………… 134
第三节 弘扬生态文化，让道德与法律共同规范公众生态
文明行为 …………………………………………………… 143

第六章 环境正义的地方实践探索 …………………………………… 152
第一节 江西：保护自然生产力就是保护绿色这一最大的底色 …… 153
第二节 贵州：挖掘特色产业，破解区域发展和生态保护难题 …… 157
第三节 浙江：全国首个跨省流域生态保护补偿机制的
"新安江模式" ……………………………………………… 160
第四节 福建：南平深化集体林权制度改革，践行"两山"
理念 ………………………………………………………… 163
第五节 云南：贡山县独龙江乡生态扶贫的生动实践 …………… 166

参考文献 ……………………………………………………………………… 172

绪　论

建设生态文明，是关系人民福祉、关乎民族未来的长远大计。党的十八大报告将生态文明建设纳入中国特色社会主义现代化建设"五位一体"总体布局。党的十九大报告将"坚持人与自然和谐共生"作为新时代坚持和发展中国特色社会主义的基本方略。党的二十大报告更是将人与自然和谐共生的现代化作为中国式现代化的基本特征之一。习近平总书记指出："我们要建设的现代化是人与自然和谐共生的现代化，既要创造更多物质财富和精神财富以满足人民日益增长的美好生活需要，也要提供更多优质生态产品以满足人民日益增长的优美生态环境需要。"[①]

党中央围绕生态文明建设加快发展方式的绿色转型，倡导简约适度、绿色低碳的生活方式，我国的环境质量得到明显提高，空气更加清新，土壤更加安全，水质更加优良。但我们也不得不承认，整个地球环境越来越恶化，灾难性气候频繁出现，生态系统遭到破坏。当今环境问题不仅反映出人与自然关系的失调，而且越来越反映出人与人之间社会关系的失调，这已成为环境问题加剧的重要原因。地球生态不堪重负，人类与其他生物如何共同健康地生存于这个地球上成为当下人们最关心的问题。每个人都有义务行动起来，守护我们的蓝色星球。环境正义研究比任何时候都更为紧迫，也更为复杂。

（一）相关概念界定

生态与环境是密切联系而又有区别的概念。生态（Eco-）一词源于古希腊，与"家（house）或者我们的环境"相关，后来延伸为自然而然的、

[①] 《习近平著作选读》第2卷，人民出版社，2023，第41页。

美好的事物，如健康的、美好的、和谐的事物等，泛指一切生物的生存状态，以及它们之间和它们与环境之间紧密相连的关系。而环境总是相对某一中心事物而言的，如动物环境、企业环境等。人们通常所称的环境指的是围绕人类活动而存在的环境，包括环绕人类的自然界，亦称地理环境，它包括大气、水、土壤、生物和各种矿物资源等，还包括人类在自然环境的基础上逐步建立起来的诸如城市、农村、工厂、社区等社会环境。《中华人民共和国环境保护法》中所称的环境"是指影响人类生存和发展的各种天然的和经过人工改造的自然因素的总体，包括大气、水、海洋、土地、矿藏、森林、草原、野生生物、自然遗迹、人文遗迹、自然保护区、风景名胜区、城市和乡村等"。[1] 而生态与环境经常结合在一起使用，人们通常所称的"生态环境"，即以人类为中心，"对人类生存和发展有影响的自然因子的综合"，也即环境是影响人类生存发展的物质集合。[2] 由此可见，生态更为重视自然的整体概念，是万物互联共生的有机系统，环境或生态环境显然具有鲜明的属人性质。我们所讲的生态文明建设中的环境也就是以人类为中心的环境。

（二）国外研究现状

正义理论一直是西方学界关注的热点问题。20世纪60年代，学者将正义理论扩展到环境领域中来，用来解释环境问题中的道德和分配问题。早在20世纪六七十年代，西方学者就关注环境污染问题。1962年，蕾切尔·卡逊的《寂静的春天》出版，标志着人类对生态的关切。本书认为，美国广泛使用的杀虫剂、除草剂等化学药剂所产生的危害在杀死害虫的同时也对人类健康产生影响。

环境正义运动就是一群弱势群体因垃圾污染而发起的反抗事件。20世纪90年代，美国把有毒垃圾处理厂安置在少数族群中，遭到少数族群的强烈反对和抗议。从此，环境正义问题进入学者的视线。1991年，美国华盛顿召开有色人种环境领导人高峰会议，与会者认为，环境正义应该注重受害者补偿、环境安全以及对有害废弃物生产者的责任追究等，与会者制定出17项条文，包括"去除任何形式的歧视与偏见""环境正义确认所有群体有基本

---

[1] 参见中国政府网，https://www.gov.cn/bumenfuwu/2012-11/13/content_2601277.htm。
[2] 巩固：《环境法典基石概念探究——从资源、环境、生态概念的变迁切入》，《中外法学》2022年第6期。

的政治、经济、文化与环境自决权"等内容，凸显分配正义、平等参与权利、对抗歧视权利、尊重个人与群体自决权以及文化多样性等。1992年，美国环保署为落实平等"参与"以及"承认"的正义，也特别将"环境正义"界定为"所有人民在环境法律、规则与政策的发展、执行与强制施行上，都必须被平等对待并能有意义地参与"。这里提到的"平等对待"意味着政府的任何政策若对环境产生负面影响，不应有任何群体受到不成比例的伤害，这不仅表达出对所有人的同等尊重，也避免结构性地歧视社会中任何成员。①

美国学者彼得·S. 温茨、菲洛米娜·C. 斯黛迪、罗伯特·布拉德等，日本学者户田清、丸山德次、岩佐茂等对环境正义的研究具有重要价值。美国学者菲洛米娜·C. 斯黛迪等人认为："所有人和所有社区在环境、健康、就业、居住、迁徙和人权法律方面都享有平等的被保护的权利。任何将环境负担过度强加给那些没有环境负担的无辜局外人或社区的（行为）都是不正义的。"② 美国环保署认为："环境正义是指任何人，不论种族、肤色、国籍或收入，均会受到平等对待，并能有效参与到环境法规和政策的制定、实施

---

① 美国少数族裔和低收入群体受到政府不公平的环境政策影响或者受到有毒废弃物的侵害，环境正义的概念由此产生，环境种族主义、环境歧视等概念迅速进入公众视野。调查发现，美国国内的少数族裔生活社区所承担的环境风险远远高于白人中产阶级社区。[转引自穆艳杰等《环境正义与生态正义之辨》，《中国地质大学学报》（社会科学版）2021年第4期] 因此，从一开始，环境正义就是由弱势群体遭受不平等的对待而引起来的反抗。在包括穷人在内的弱势人群中确实存在不平等分配问题。施朗斯伯格认为，环境正义的概念不应当仅局限于分配领域，当人们因环境种族主义等遭受到不公平对待时，除了会要求环境善物与恶物的平等分配，还会要求自身价值、尊严得到社会应有的承认和认可，这同样是一种环境正义的诉求。由此引申出环境承认正义。生态马克思主义学者詹姆斯·奥康纳提出，罚金、红利、税收、补偿金等分配性正义难以对人的生命和健康进行估价，我们更应该关注生产性正义，关注生产领域与积累领域。环境正义要求彻底地废除分配性正义，以生产性正义实现"需求的最小化"，从而使环境正义成为全社会都能够享有的权利。还有一部分人认为，生态正义的研究起源于资源与荒野保护运动，这也是美国现代环境保护运动的初级阶段。倡导资源与荒野保护运动的代表人物主要来自白人精英群体，如西奥多·罗斯福、约翰·缪尔等。他们对荒野有着浪漫主义的关怀。生态正义所追寻的是一种"回到荒野"的方式，但其并没有提出任何可供参考的方法和建议，其提出的"内在价值"理论也无法通过科学严密的论证，因此，我们将研究重点放在环境正义而非生态正义上。环境正义所追寻的"生产性正义"把变革社会生产方式作为其核心目标，以"需求"来决定资源的分配，能真正实现对环境恶物与环境善物的合理分配。生态文明价值旨归只能是环境正义。

② 转引自刘海霞《环境正义视阈下的环境弱势群体研究》，中国社会科学出版社，2015，第52页。

和执行之中。"① 环境正义也包括让弱势群体在政治上有平等参与的权利。日本学者户田清则将环境正义延伸到了整体环境保全的领域，他认为："所谓'环境正义'的思想是指在减少整个人类生活环境负荷的同时，在环境利益（享受资源环境）以及环境破坏的负担（受害）上贯彻'公平原则'，以此来同时达到环境保全和社会公平这一目的。"② 进一步强调环境正义不仅体现在环境责任上的平等，也体现在环境利益的公平分享上。岩佐茂进一步从时间角度论述了环境正义的两个维度：代际正义和代内正义。代际正义是指为子孙后代留下良好的环境，这是关系到人类持续生存的问题。而代内正义的问题是关系到同一世代的人们能否在地域规模以及全球规模上共同享受良好的环境。③

综观之，国外学术界对环境正义问题的研究主要包括以下三种视角。一是道德规范视角，以保罗·沃伦·泰勒、霍尔姆斯·罗尔斯顿等为代表，他们认为，环境正义是一个道德范畴，非人类生物同人类一样具有某种"内在价值"，同人类一样都是道德主体，应该享有同样的权利并履行应尽的义务。二是分配正义视角，以彼得·温茨、巴克斯特等为代表，他们认为，环境正义的本质是分配的正义，是稀缺的环境资源在人与人之间、人与非人生物之间的公平分配比例。三是生产正义视角，以詹姆斯·奥康纳、乔尔·科威尔等为代表，他们在反思批判资本主义分配正义的基础上认为，应将环境正义理解为生产性正义，即"将需求最小化"，并实行生态社会主义④。近年来，受到西方政治哲学界"分配"、"承认"和"参与"等多元正义理论的影响，生态正义研究者也尝试打破财物分配的单一框架局限，试图从政治参与、文化认同、经济能力等发展出生态利益的"参与"、"承认"与"能力"等概念，分别从经济、文化与政治三个向度观照正义议题。这些理论维度将进一步丰富环境正义的概念资源，深化对环境正义问题的理论认知，推动环境正义理论向纵深发展。

---

① 转引自刘海霞《环境正义视阈下的环境弱势群体研究》，中国社会科学出版社，2015，第52页。
② 转引自刘海霞《环境正义视阈下的环境弱势群体研究》，中国社会科学出版社，2015，第52页。
③ 转引自刘海霞《环境正义视阈下的环境弱势群体研究》，中国社会科学出版社，2015，第52~53页。
④ 刘海霞：《环境正义视阈下的环境弱势群体研究》，中国社会科学出版社，2015，第54页。

当然，目前对公正、公平、正义等的研究已经非常详细，各种环境的相关法规之中都蕴含公平正义理念，有人认为没有必要特别谈论环境正义。其实，把环境正义独立出来有助于具体化环境正义，同时当环境越来越恶化，良好的环境越来越稀少时，环境利益成为人们的新的需要时，对环境利益的关注必然会成为新的正义议题。对环境正义的研究一定程度上适应了时代的需要。也有人将环境正义限缩在与伦理无关的技术范畴，认为正义应该量化为科学计量，应主要讨论计量单位、计量标准的制定、计算方法等议题。其实，这种演变明显偏离了环境正义的价值关怀，排除了环境正义规范的可能性。即便把理性、推理、逻辑等融入环境正义这样一个道德伦理范畴，这些概念也是不够的。也许环境正义的实现不在于有没有一套特别为环境正义量身定做的法律规范，而是在于有没有一套普遍保护少数的规则，特别是保护少数弱势群体的规则。①

一个不争的事实是："环境伦理将人类视为一个不可分割的整体，而无视来自不同种族、地域、性别、阶级群体的不同需要，其结果是，一方面发达国家中的多数人继续消耗全球大量资源与能源来享受奢华的生活；而另一方面多数欠发达国家的人们仍必须被迫以危害生态的消费方式来达到基本生活需求的满足。"② 发达国家指责发展中国家污染严重，影响生态环境，将矛头指向广大发展中国家。另外，它们仍然借助"共同的需求与命运""共同的目标"等名义掩盖它们不公正的行为，混淆视听。这些国家的富豪们已经不再关注污染、公害等主题。如果不联系历史、国别、发展程度等分析环境利益的分配，必然会使广大第三世界国家的人民难以利用环境来解决生存问

---

① 人们对于环境弱势群体的界定也不一致，划分标准不一样，推导出的概念含义也不一样。有的从生活困难、不利地位的角度界定弱势群体，有的从政治、经济、文化等社会资源的配置角度来界定弱势群体，也有从抵御社会上各种风险的能力、自身的能力，以及从权利的实现等来界定弱势群体。总之，我国学术界从分配、能力和承认等角度来界定，对于弱势群体这一概念有着不同的理解，但有一点却是共同的，即该群体出于某种或某些原因难以获得经济、政治、文化或社会资源，是在社会生活中处于不利地位的群体或人群。而基于政治、经济与生活的共同遭遇所形成的具有相同社会关系特征的群体，我们称之为"环境弱势群体"。它不是按照年龄或体质来划分的，而是综合性的、开放性概念。如经济上的贫困、资源分配中的不利、关系网络的萎缩、社会地位的低下、承受风险能力减弱、权利实现受到制约、社会适应能力下降等都有可能造成某方面的弱势。弱势群体的概念是处于一定社会关系中的关系性概念，是一个比较而存在的相对性概念。（骆群：《"弱势群体"再界定》，《南京社会科学》2007 年第 2 期）

② 王韬洋：《环境正义的双重维度：分配与承认》，华东师范大学出版社，2015，第 7 页。

题。这些国家的无地农民、妇女和部落，面临生存问题，而不是生活质量的高低问题。因此，要分析环境正义，必然要与这些要素联系起来考量，分析谁在大量使用自然资源，谁从中获得大多数利益，谁在利用基本资源维持最低生存条件。不回答这些问题，就难以区别"提高生活质量的环保主义与维持生存的环保主义"的区别。

那么，如何实现环境正义？有的西方自由主义者从原子式个人出发，将分配正义中的权利义务等搬到环境正义中来，提出实现环境正义的方案。而有一些环境保护论者尝试通过对现有分配正义理论提出新的见解，如彼得·温茨从人的关系亲疏程度对环境正义提出"同心圆"理论。他认为，人们对他人的正义（义务）不是建立在平等，而是建立在"亲密程度"的基础上。正义问题会在某些东西相对需要而供应不足时或者被意识到供应不足的情况下出现。温茨主张："我们与某人或某物的关系越亲近，我们在此关系中所承担的义务数量就越多，并且或者我们在其中所承担的义务就越重。亲密性与义务的数量以及程度明确相关。"① 政府必须让人们确信"他们获得了他们公正的利益份额，并且没有被任何一个被认为不公正的环境政策所破坏"。② 还有一些学者沿着空间和时间维度来分析环境正义，即思考在不同国家及其公民之间、当代人与后代人之间环境利益与负担的分配。他们认为，先发民族和落后民族、富裕地区与贫困地区、城市与乡村、强势群体与弱势群体等在环境权利与环境义务上存在不一致问题。③ 发达国家的城市、发达地区、富人等享有更多的环境利益，而穷人遭受更多的环境污染。这种环境污染造成的危害对不同族群、阶级、地域甚至性别的影响不同，造成不公平。

从分配对象来看，学者们主要从污染的负担、危险的承担和环境保护的利益在人们中间的分配来界定环境正义问题，"谁为环境污染买单"，"谁更应承担生态风险"，"谁更应从生态利益中获益"，"人们对环境负有什么样的义务"等都是环境正义的核心。不过，环境正义大多是从西方的"权利"

---

① 转引自刘海霞《环境正义视阈下的环境弱势群体研究》，中国社会科学出版社，2015，第57页。
② 转引自刘海霞《环境正义视阈下的环境弱势群体研究》，中国社会科学出版社，2015，第54页。
③ 曾建平：《环境公正：中国视角》，社会科学文献出版社，2013，第9页。

体系中进行阐释的。美国社会学者罗伯特·布拉德提出实现环境正义的四个框架:"一是体现所有个体免受环境退化侵害的权利原则;二是将公共健康预防模式(在损害发生前消除威胁)作为首选策略;三是将举证责任转移给那些造成损害、歧视或没有对不同种族、少数民族或其他需要保护的阶段给予同等保护的污染者或责任者;四是通过有针对性的行动和方法纠正不成比例的压力。"① 这种"权利"的角度具有一定的说服力,也是研究环境正义的主要角度,然而,导致权利不平等的原因是什么?这些学者仍停留在天赋权利或社会权利应当平等层面,并没有深挖其内在原因。

什么因素导致环境不正义?一些学者认为,造成环境不正义的原因是施害者的过错。日本社会学者饭岛伸子提出了环境问题中的"加害—受害"结构,论证了环境问题中加害方和受害方的对立。尾田孝道概括了"受益圈—受苦圈"的分析模式,考察开发项目对不同群体的不同影响。也有学者从能力角度分析环境不正义的原因。泰勒及佩罗等人一再强调环境公正的形成过程和建构力量,佩罗等人分析了多方环境利益相关者在一定的政治经济框架中为争夺有价值的环境资源而互动的动态演变过程;墨海等人则将历史和时间因素融入环境公正的研究之中,阐释历史和时间的推移本身就是一个动态的过程。② 还有一些学者认为强者对弱者的生态利益的不尊重是造成环境不正义的主要原因。美国学者查尔斯·泰勒的《承认的政治》论证了承认的重要性和道德意义,人们开始将尊重和重视运用到环境正义的情景当中,承认正义这一模式主要表现为重视不同群体和文化独特的环境认同以及由此形成的地方性环境保护实践。③

相对于以往分配正义一直都被当作环境正义的核心话题而言,人们也从承认与参与等个人叙事、访谈、日常经验等方法上来探讨正义,以"在更广泛的意义上思考正义与证据"④。美国学者大卫·斯伯格"提倡一种环境正义的多元概念,同时从分配、承认、参与以及能力的角度进行理解。概言之,基于承认的正义视角强调不平等分配背后的社会的、文化的、符号的以

---

① 转引自刘海霞《环境正义视阈下的环境弱势群体研究》,中国社会科学出版社,2015,第60页。
② 转引自洪大用、龚文娟《环境公正研究的理论与方法述评》,《中国人民大学学报》2008年第6期。
③ 王韬洋:《环境正义的双重维度:分配与承认》,华东师范大学出版社,2015,第153页。
④ G. Walker, *Environmental Justice: Concepts, Evidence and Politics*, Routledge, 2012, p.55.

及制度状况,它将支配与压迫视为正义理论的起点,进而超越了正义的分配性视角"。① 此外,这些关于正义的不同视角彼此交叉,能力视角可以被看作分配和基于认同的正义概念的连接点。于是,"环境正义运动也包含了更多的环境议题,涉及更多弱势群体,并将社会、政治、文化与生态议题整合在一起……学者们开始强调互相交织的压迫系统如何塑造不同群体所面临的不同的环境非正义经历。"比如女性生育权利、国家暴力、人类健康、生态完整性等。因此,"与环境种族主义、环境平等以及底层环保主义这些概念相比,当前环境正义研究呈现出多层次的(考虑正义的不同内涵)、多空间的(从日常生活到全球问题)以及多方法论的(从定量到定性方法)发展趋势,……囊括了更为广泛的弱势群体,并考虑了多重的社会区分。"②

与对环境不正义带来的悲观结果不同的是,美国学者维姬·比恩按照市场动力理论来分析,认为危险废弃物处理设施选址和定址是外部市场力量的结果,环境弱势群体由此还可能受益。即周边社区有支付能力的人因为不满意这里的环境而搬离,导致房价降低,从而更符合低收入者的购房能力。"比恩认为,如果是社区(主动)靠近环境恶物,那么是驱动有色人种群体在一个竞争性的市场中作出经济决策的市场力量,比种族主义更能解释这一差别。"③

以上这些观点和方案代表不同视角,但他们并没有考虑人与自然是生命共同体这一理念,没有从生产资料占有制度上分析环境正义及其实现问题,也没有将环境权利、生态利益、政治参与等置于"共同体"的相互关系中进行考察,由此忽视了不同地位的人们应承担不同环境义务或责任,整个人类应对自然承担道德义务或法律责任的观点。

(三) 国内研究现状

我国也存在环境污染物安置等问题,也面临化工厂等环境污染事件。如21世纪初在北方出现的大面积雾霾、沙尘暴等现象,在福建厦门出现的PX项目事件,以及华南虎、中华鲟等自然物种的减少甚至灭迹等,都涉及环境

---

① G. Walker, *Environmental Justice: Concepts, Evidence and Politics*, Routledge, 2012, p. 55.
② 张也、俞楠:《国内外环境正义研究脉络梳理与概念辨析:现状与反思》,《华东理工大学学报》(社会科学版) 2018 年第 3 期。
③ 王韬洋:《环境正义的双重维度:分配与承认》,华东师范大学出版社,2015,第 20 页。

正义问题。城乡之间、东中西部地区之间也存在环境正义问题，这些现象也曾经引起了知识分子的关注。

我国早期的学者研究主要集中在对国外环境正义思想的解读和阐述方面。1988年彼得·温茨的《环境正义》出版，学术界开始就环境正义问题展开广泛研究。随着环境正义理论的引入，国内学者从规则（规范）、美德和结果（功利）等角度来分析，开始运用环境正义理论分析研究我国生态环境治理的现实问题。国内学者对环境正义的研究还来源于社会学领域对"环境事件"的关注，社会学领域揭发的环境事件引起广大学者的深思。随后，政治学、哲学、伦理学等领域的国内学者如蔡守秋、洪大用、李培超、杨通进、曾建平、钱水苗、王韬洋、马晶等人也从各自领域对环境正义或环境公平进行了较好的研究。

国内学者借鉴国外权利与义务分析的视角来分析环境正义，洪大用等从权利和义务两个维度给出了环境正义的含义："第一层含义是指所有人都应有享有清洁环境而不遭受伤害的权利，第二层含义是指环境破坏的责任应与环境保护的义务相对称。"环境正义主张"所有的主体在环境资源、机会的使用和环境风险的分配上一律平等，享有同等的权利，担负同等的义务"。①钱水法认为："所谓环境公平，指在环境资源的利用、保护，以及环境破坏性后果的承受和治理上所有主体都应享有同等的权利、负有同等的义务。除有法定和约定的情形，任何主体不能被人加给环境费用和环境负担；任何主体的环境权利都有可靠保障，受到侵害时能得到及时有效的救济，对任何主体违反环境义务的行为予以及时有效的纠正和处罚。"②

从探讨议题来看，国内对于环境正义的研究更多的是理论性的，研究议题多集中于分析代际间、地区间、城乡间以及发达国家和发展中国家之间的环境不正义这类宏观问题。曾建平从国际、族际、域际、群际、时际以及性别等方面探讨环境的公平正义问题，他认为发达国家与发展中国家之间、不同民族之间、城乡之间、富人与穷人之间、当代与下一代以及男女之间在环

---

① 洪大用、龚文娟：《环境公正研究的理论与方法述评》，《中国人民大学学报》2008年第6期。
② 转引自刘海霞《环境正义视阈下的环境弱势群体研究》，中国社会科学出版社，2015，第53~54页。

境资源的占有与分配方面存在不公平的现象。① 在富人与穷人之间,"无论是吃穿住行等物质上的消费,还是游山玩水等精神上的享受,富人占有、使用的环境资源都可能是穷人的数倍。"②

国内学者更多从分配领域对环境非正义进行阐释。朱力等认为,中国环境非正义的实质问题主要集中在分配正义层面,主要表现为强势群体与弱势群体在环境权益分配与责任承担方面呈现不平等关系。落实到制度分配层面,制度非正义主要体现为环境规制被虚化、有法不依、环境权益诉求机制缺失。③ 朱力基本上在资本、政治和文化三个维度对环境非正义进行阐述,具有一定的说服力。然而,他仍然没有摆脱物质分配的视野,从静态或结果来看环境正义,不利于保护生态。

也有学者从群体角度来分析环境正义问题,如针对农民这一群体的受害情况,王京歌认为,农村受到二元制度的约束,对农村的环境保护重视不够。在经济层面,农村地区相对贫困,抵御环境风险能力较弱;在文化层面上,农民受教育程度低,环境保护意识薄弱;在法律层面上,农民的环境保护权利缺失,农民环境维权不畅。④ 曹卫国从城乡、东中西部、同一区域内不同群体之间分析了环境正义的情况。他指出,城乡间环境资源分配的权利与环境恶化承担的义务不对等,农村的大量环境资源为城市服务,为满足城乡居民肉禽蛋奶需要的农村畜禽养殖业对农村造成了严重的污染,同时,城市污染工业转移到乡镇,城市大量的生产生活垃圾污染物转移到农村。同样道理,西部地区以较低的价格向东部提供了大量的自然资源和原材料,一些东部地区企业对西部自然资源的过度开发,加剧了西部生态环境的恶化,而东部富裕地区付出的补偿费却很少。⑤ 李素华等学者从农民环境参与能力弱、参与程度低、环境维权意识和维权能力薄弱等方面谈论了农民的能力。刘海霞对农民工在企业工作中受到的环境侵害进行了研究。她认为,农民工在企

---

① 曾建平:《环境正义:发展中国家环境伦理问题研究》,山东人民出版社,2007,第1~14页。
② 曾建平:《环境公正:中国视角》,社会科学文献出版社,2013,第165页。
③ 朱力、龙永红:《中国环境正义问题的凸显与调控》,《南京大学学报》(哲学·人文科学·社会科学版)2012年第1期。
④ 王京歌:《环境正义视角下的农民环境权保护》,《河南大学学报》(社会科学版)2017年第3期。
⑤ 曹卫国:《我国环境正义问题及成因的多维分析》,《福州大学学报》(哲学社会科学版)2018年第5期。

业中无法选择环境,只能在资本的指挥下,在污染环境中从事体力工作,时间久了便出现各种职业病。①

环境正义不仅关注自然,更关注的是环境弱势群体的权益。如上所述,环境问题由社会学领域向法学、哲学、伦理学等领域扩展,哲学、法学、社会学、伦理学等领域虽然关注点不一样,但是普遍关心弱势群体与整个自然。刘海霞从广义角度和狭义角度来讨论弱势群体。她认为,广义而言,"凡是在环境问题上处于无权地位或被动地位的群体,都可以列入环境弱势群体的范畴"。狭义而言,"环境弱势群体主要指向那些更多地承担了环境污染后果和环境风险的群体,他们是社会民众中处于比较弱势地位的群体而不是全部社会民众"。刘海霞根据不同群体在环境权益上的分配情况将环境弱势群体划分为几个类型,即环境资源匮乏群体、环境利益受损群体、环境风险承担群体和环境污染受害群体等基本类型,这也是从环境资源的分配和占有、环境风险的承担、环境污染的严重程度等方面来探讨的。②

当然,利益分配是环境正义的重点,但并非唯一因素。"环境正义同时(有时甚至首先)是一个承认正义的问题。"③ 王韬洋较早地引入"承认正义"概念,认为承认平等尊严是最基本的原则。但是现实生活中,发达国家、富人、城市等倾向于把环境负担加于发展中国家、穷人和农村。它们不承认这些弱势群体的尊严,也不重视差异,主要体现为不承认其他群体和文化对自身生存环境的独特理解,而要求其按照发达国家、富人和城市等强势群体的理解来分析环境问题,任意干涉和评价非西方文化保护自然的作用与贡献。④ 朱力等人试图将承认正义也放入环境正义中来讨论。他们认为:"环境正义评价标准可区分为分配正义、制度正义、承认正义三个层面,三者之间是相互促进的。"环境正义表现为:"一是各主体间公平地共享环境收益,共担环境风险的分配正义;二是在环境政策的制定、遵守与实施中,各主体得到平等对待与实质性参与的制度正义;三是尊重每类主体尤其是弱者的尊严与价值,维护弱者的生存权、生命权与环境权的承认正义。"三者的关系是:"制度正义是环境正义的重要保障,是一种手段;环境分配正义是制度

---

① 刘海霞:《环境正义视阈下的环境弱势群体研究》,中国社会科学出版社,2015,第20页。
② 刘海霞:《环境正义视阈下的环境弱势群体研究》,中国社会科学出版社,2015,第5~8页。
③ 王韬洋:《环境正义的双重维度:分配与承认》,华东师范大学出版社,2015,第190页。
④ 王韬洋:《环境正义的双重维度:分配与承认》,华东师范大学出版社,2015,第190~191页。

正义保障下的结果；而承认正义是达至制度正义的价值认同维度；三者之间是紧密相连、相互促进的关系。"[①]

综合以上研究，学者们从环境正义的概念、研究对象、环境问题形成的原因等方面进行了探讨。当然，国内与国外学者的关注点还是有差别的。国外学者较为关注环境权利的分配，国内学者较为关注环境资源的分配和占有。国外学者侧重于对环境弱势群体的境遇给予社会学的实然描述，更加关注环境基层民主问题；国内学者则从法律角度对环境弱势群体的权益进行研究，更多关注区域和城乡之间的差别，更多关注农村的生态环境等。同时，国情不同，政治体制机制不同，国内与国外学者研究的立足点也有差别。我国并没有西方一些国家的有色人种问题，我国政府号召力量比较大，能够集中力量处理环境治理问题，因而环境正义问题更多地表现为保护自然、合理利用自然，使得环境利益可以持续。我国的环境正义问题更多的是如何满足人民日益增长的美好生活需要的问题。我们考虑环境弱势群体利益，但是不是在抗争的环境下探讨，而是为了不断满足人们对美好生活的需要，是在这一角度来考虑的。因此，环境正义的分析不能局限于西方环境权利等话语体系，而应从马克思主义的唯物史观和人民立场来分析，从人与自然的共同体利益出发，从人民的共同利益出发进行研究。如果不联系现实，不联系共同体，不从"何以可能"出发来落实权利，环境权利也可能停在"半空"中。

其实，西方学者在关注环境利益的分配过程中，重视在人与人的能力差别，或负担与权利方面探讨环境资源的分配或享用，却很少在"人与人之间的生态权益分配何以可能"这一前提性理论方面进行研究。他们对弱势群体不合理地承担环境风险或环境污染等进行了探析，也对环境资源的分配、开发和利用等不公平的体制机制进行了抨击，但对于如何能保证生态权益可持续性发展缺乏详细论证。事实证明，只有在维护了生态环境系统性、整体性和有机性基础上，以资源环境承载力为基础，以自然规律为准则，以可持续发展为目标的资源节约型、环境友好型社会才能实现生态权益的公平分配。薛勇民、张建辉认为，目前"环境正义单纯观照人的需要，缺失自然维度。环境正义盲目追求分配正义，缺失矫正维度。……从根本上来说，环境正义

---

① 朱力、龙永红：《中国环境正义问题的凸显与调控》，《南京大学学报》（哲学·人文科学·社会科学版）2012年第1期。

研究仍然局限于传统社会正义之内。""缺乏生态正义的实现,注定了社会正义的脆弱性。"① 因此,环境正义应该成为人与人关系、人与自然关系的共同体伦理规约或制度规范,应成为环境权益得以实现的前提与基础。

(四) 内容结构

环境正义如果离开了共同体意识,就失去了依托;如果离开了自然力,就失去了基础。共同体是既对立又统一的整体。世界上没有一片相同的树叶,这决定了差异是共同体的属性。然而,矛盾着的对立面相互依存、互为存在、相互贯通,在一定的条件下可以相互转化,这也说明了共同体的存在是有条件的。唯物史观指出,没有斗争性就没有同一性,没有同一性也就没有斗争性,斗争性寓于同一性之中,同一性通过斗争性来体现。而维持好同一性,也是人类的道德义务或道德责任的依据。没有了同一性,共同体就会毁灭,对任何一方都没有好处。本书认为,环境正义应该包括两个方面,一是每个生命体都拥有基本生存自由,但必须在共同体利益优先的情况下才能确保自由平等权利的实现。二是生态利益平等地对所有人开放,每个人的合理利益应得到公平保障,生态利益不能为少数人所垄断。第一个方面是对所有的生命体而言,包括生存维度和生活维度,它是利益生成的基础。第二个方面是对人类而言,包括社会维度和生态维度,它是利益分配的原则。第一个方面主要是要求尊重生命体的基本自由,所有生命都有生成发展的机会。第二个方面主要指自然资源向所有人公平开放,这样有利于积极利用资源,提高利用率,使每个人的合理利益得到保障。

之所以强调共同体的利益优先,是因为在方法论上,生态环境是一个有机整体,这一整体是系统有机的,也是有限的。有限性是其最为显著的特征,它置于最高位置。整体主义道德方法将生态整体视为一个道德实体,并将整个生态有机体的存在与有序发展视为最高的善。一切以整体的存在与发展作为最高标准,一切破坏生态整体的行为都是非善的甚至是恶的。生态整体的有限性始终先于人类的任何行为,它反对将人类利益放置于绝对地位,反对将个体置于优先地位,它也反对人类中心主义者秉持的以人类利益为中

---

① 薛勇民、张建辉:《环境正义的局限与生态正义的超越及其实现》,《自然辩证法研究》2015年第12期。

心，将环境作为满足人类利益的工具理念。它强调要从整体利益、长远利益着眼，从有限性考虑人与自然的相互关系，坚持系统性、有机性和整体性的统一。

本书以马克思主义生态思想为指导，立足人与自然是生命共同体这一理念，立足中国国情与现实，从环境伦理规范角度分析如何整体性、系统性、可持续性地保障全体人民的生态权益，探讨生态正义何以可能的问题。当然，人们应该做什么或不应该做什么，从理念到行动需要一个过程。环境伦理的规范只是"软约束"，只有人们愿意遵守它们才有效果，也即从理念或规范到行动还需要人们的道德意识和实践行动，需要道德意志甚至利益带动，而环境正义还需要法律这一"硬约束"来提供支持。从理念到行动，只有"软硬兼施"才能最终形成良好的人与自然和谐共处局面。另外，需要人们的自觉支持和配合，使人不仅"认识"而且"认同"道德理由，从而履行相关的道德要求、采取相应的道德行为。本书结合不同地方的实证研究的经验性成果，进一步论证环境正义的落实与证成，力求做到规范分析与实证分析的统一。

本书主要内容有以下几个部分。

绪论部分主要界定生态和环境的含义，梳理国内外对环境正义、环境弱势群体等几个概念的研究现状。本书将从共同体思想分析开始，指出正义离不开共同体思想。分析马克思主义的公平正义思想，为环境正义提供理论基础。

第一章阐述作为共同体的社会正义与作为人与自然和谐共生的环境正义之间的联系，阐释环境正义是社会正义在环境资源分配中的拓展运用。维护人与人、人与社会的和谐关系，必须要建立在人与自然和谐关系的基础上才有可能。人与自然的和谐共生，需要从系统、有机、整体的角度进行分析。

第二章阐释环境正义的理论渊源，主要从马克思主义环境正义思想、习近平生态文明思想、西方环境正义理论等三个方面进行阐释。本章在人民至上、坚持问题导向、尊重自然规律基础上，吸收借鉴西方伦理学理论中的义务论和功利论的合理成分，将之延伸到生命共同体中，指出生命自由的重要性。环境正义也积极吸收借鉴西方环境正义思想，分析环境正义的主要内容及主要逻辑进路，为后面的理论做铺垫。

第三章分析环境正义的主要内容及其逻辑内涵。从人与自然生命共同体出发，阐释人们所应该承担的道德义务与道德责任。在人与自然所形成的共同体中，环境具有以下特征：有机性、整体性、系统性、代际性。决定人对自然负有道德义务的应该是珍爱生命、自然友善、保持节俭、维护共同体利益等。本章围绕人民的利益和共同体的利益这一主线，探讨环境正义合理分配之可能：每个人的自由全面发展之身体需要（包括身体健康），物质利益与精神利益的和谐统一（包括精神愉悦），新时代人民对美好环境的需要（以人民为中心），当前利益与可持续发展的统一（包括代际正义）等之可能。

第四章是环境正义中存在的问题及其原因探究。着重从共同体方面阐释环境正义中存在的主要问题，主要有对自然生命不友善，自然生命力被漠视；对自然利益分配不公正，弱势群体生态利益被忽视（包括对环境污染的责任划分不公平，环境恶物的分担被轻视）；资源利用没有遵循节约原则，导致浪费等。探究环境非正义的根源，主要体现在违背了以下原则，包括整体性原则、有机性原则、系统性原则、法治原则等。

第五章主要从保护自然力、分配好生态利益角度探讨环境正义实现的路径。从道德规范来说，要坚持共同体思维，自觉维护整体利益，培养人与自然和谐共生的整体意识。畅通公众参与渠道，让每个人都能参与进来。从具体制度规范来说，主要是保证自然权利优先，保护好自然力，坚持绿色利用，培养绿色生活方式，在此基础上实现人民的美好生活。在人与自然关系的规范上，在保护好自然力基础上发展生态产业。在人与人的关系规范上，从制度上维护好"多保护者多得、多破坏者多罚"的权利义务一致原则。在参与规范上，畅通公众参与渠道，重视地方生态文化，做好生态教育，加强对生态弱势群体的帮扶力度。制度是环境正义的保障，对于破坏环境的行为，必须要加以惩罚，维护平衡。

第六章从五个省份具体落实上，探讨具有地方特色的实施方式。主要包括江西"自然生产力的保护"、贵州"赤水河流域生态文明制度改革的创新实践"、浙江建立全国首个跨省流域生态保护补偿机制的"新安江模式"、福建南平深化集体林权制度改革践行"两山"理念和云南贡山县独龙江乡生态扶贫的生动实践等方面，分别介绍这些地方在维护人与自然生命共同体和处理人与人的利益分配方面的举措。

第一章 正义及环境正义

人与人如何相处，一直是学者们探讨的主题。政治学、哲学、道德伦理学、社会学等领域的学者都提出了各自的理论。他们都围绕着一个中心主题，那就是如何维护社会稳定和推动社会向善向上、社会进步。公平正义作为维系人与人关系的核心价值理念，自然成为研究的焦点。何怀宏认为，正义是用来判断制度、政策及其制度中的人们行为是否符合道德的尺度。当评价一个人及其行为符合道德时，用正当、正直等词语；当评价一个社会符合道德时，就用正义。① 19世纪中叶，环境问题出现在人们眼前，人与自然如何相处，如何处理人与自然的关系，越来越引起学者们的关注和重视。随着伦理范围的扩大，人与自然之间关系也纳入正义的研究范围，环境正义也成为人们讨论的热点。对于研究人与人之间关系的正义理念，也扩展到人与自然之间的关系问题上。

第一节 作为共同体的社会正义

公平正义自古以来就是人们追求的目标，也是社会稳定有序的重要基础。西方学者对公平正义作出了大量探讨与思考，给后人留下了极为丰富的思想财富。亚里士多德认为，正义在社会体系中的地位可与真理在思想体系中的地位相比拟。②

---

① 何怀宏：《伦理学是什么》，北京大学出版社，2002，第207页。
② 转引自陈开先《政治哲学史教程——一种解读人类政治文明传统的新视角》，科学出版社，2010，第5页。

(一) 正义即合乎城邦整体的善

伯罗奔尼撒战争后,雅典城邦开始由盛转衰。面对战败后的雅典,苏格拉底开始思考民主制的弊端。他认为,雅典的失败归因于人们的愚昧、无知、邪恶。而导致这种结果的原因是人的灵魂堕落。因此,苏格拉底通过找人谈话的方式,揭露人的无知,启迪人的心灵,呼吁人们对知识的关注应从自然界转向人自身。他提出"美德即知识"的命题,实现了从对"自然的关注"向对"人"的关注的伟大转向,此后,关心人的"美德"成为哲学的重点。

继承了苏格拉底对人自身的关注,柏拉图重视对古雅典社会政治生活的探索和关于公正、勇敢、智慧等美德的分析。在《国家篇》中,柏拉图借助塞拉西马柯、格劳孔等人的口,把他们认为的正义理念进行了深刻的剖析,指出"正义就是只做自己的事而不兼做别人的事"[1]。当然,不同的人有不同的分工,分工是有等级的,其中哲学居最高地位,它精通理念,能够辨别现象,抓住本质,不为欲望所诱惑,而依赖理性生活。柏拉图借助于"类比法"把个人与城邦或国家相联系,把城邦想象为一个生命体。由于个人灵魂中有理智、激情和欲望,理智压抑欲望起到统领作用,这便是个人的灵魂正义。而对于国家,它也有智慧、激情和欲望,当热爱智慧的哲学王对武士(激情的代表者)以及农民(欲望的代表者)进行统治时,国家就是正义的国家。无论是个人还是城邦国家,都必须诉诸理性的手段来制约欲望;让欲望接受社会理性的劝喻和管束,个人和城邦才能处于和谐和正义之中。

亚里士多德也重视理性的作用,但不同于柏拉图的理性统领激情和欲望才能实现正义的观点,亚里士多德把理性分成认知理性和实践理性。对于前者就是要判断它的真假问题,即判断理论与对象的实际是否一致,而对后者则要判断它的善恶问题,即看实践所要达到的目的或实践欲望是不是正当,正当的欲望就是善,不正当的欲望就是恶。[2] 而在实践理性中,如何才能判断正当与不正当呢?实际上实践理性包含目的。根据目的论,每个共同体都有一个目的,即善,这是共同体之所以存在的根据。城邦的终极目就是达

---

[1] 〔古希腊〕柏拉图:《理想国》,郭斌和等译,商务印书馆,1986,第156页。
[2] 陈开先:《政治哲学史教程》,科学出版社,2010,第32页。

到"至善",维护城邦的整体利益。正义被看成至善观念的体现,但不同于柏拉图的等级分工,亚里士多德更重视城邦公民的个人践行,他把政治当作一种社会现象来考察,指出人是政治性的动物,人们通过实践来实现城邦整体善。城邦善离不开个人,同时,个人也离不开城邦。离开城邦的人"如果不是一只野兽,那就是一位神祇"。① 由于城邦对于人具有重要性,维护城邦的利益成为每个人的目标。"正义是属于理智德性的范畴,同样,正义是属于共同体的德性。有了这种正义的德性,人们就能公正地善待自己,同样也能公正地善待他人,从而真正体现了全体公民的利益。"②

城邦的共同善是与分配正义联系在一起的。在城邦内部,亚里士多德十分重视分配问题,他也是最早论述分配正义的思想家之一。"在这里,公正就是比例,不公正就是违反了比例。"③ 分配正义包含两个平等原则:数量平等原则和比例平等原则。"所谓平等有两类,一类为其数量相等,另一类为比值相等。'数量相等'的意义是你所得的相同事物在数目和容量上与他人所得者相等;'比值相等'的意义是根据个人的真价值,按比例分配与之相衡称的事物。"④ "中间就是均等,我们说就是公正,所以矫正性的公正就是所得和损失的中间"。⑤ 利益分配应该遵循比例平等的基本原则,"每个人在城邦中所获得的利益,应该以其为城邦贡献的'美善行为'的多少为依据,如果一个人为城邦贡献的美善行为最多,他就应该比其他任何门第高贵或饶于财富的人们获得更多的利益"。⑥ 将分配正义与政治体制联系起来,那就是建构一个以中产阶级为主体的优良政体,因为这种政体的社会结构是橄榄形的,中间大,两头小,这样的社会最稳定。

综上可知,无论是苏格拉底、柏拉图还是亚里士多德,他们在讨论正义理念时,都立足于城邦的整体利益,都立足于整个城邦的善,维护城邦社会

---

① 〔古希腊〕亚里士多德:《政治学》,商务印书馆,1965,第9页。
② 虞新胜:《论罗尔斯的"正当优先于善"》,南开大学2008年博士学位论文,第15页。
③ 〔古希腊〕亚里士多德:《尼各马科伦理学》,苗力田译,中国人民大学出版社,2003,第99页。
④ 〔古希腊〕亚里士多德:《政治学》,吴寿彭译,商务印书馆,1965,第9页。
⑤ 〔古希腊〕亚里士多德:《尼各马科伦理学》,苗力田译,中国人民大学出版社,2003,第99页。
⑥ 王彩波:《西方政治思想史——从柏拉图到约翰·密尔》,中国社会科学出版社,2004,第59~60页。

的稳定和整个城邦的利益是他们共同的目标。他们认为正义是超越利己性原则而对整个国家和全体公民的公共利益的追求。正义能促进他人和社会的利益，因而被视为德性之首，"比星辰更让人崇敬。"①

相比于古希腊强调正义的整体性，近代西方哲学家们对待正义的态度发生了一个较大的转变。城邦善不再受到追捧，相反，个人权利得到重视。社会只是一个集合概念，并非实体，而真正的客观实在是个人，而不是社会。在西方道德哲学里，个人是具有个体人格的作为道德主体的个人，而社会是由个人组成的契约共同体。在他们看来，只要个人理性，社会就会公平。近代以来西方学者都基于个人视角探讨自由权、平等权和财产权，并由此建构社会正义。如果没有对这些个人权利的保障就谈不上公平正义。当然，对于这些权利的理论基础，近代哲学家们经历了从自然权利平等论到社会权利平等理论，再到建立在社会关系上的自由平等理论等的嬗变。

（二）正义是基于权利平等基础上的契约自由

近代学者对人与人的关系进行了新的分析研究。古典政治哲学始终坚持"善优先于权利"的原则，而近代自马基雅维利和霍布斯开始，大部分西方学者颠覆正义传统后，用自由、民主、权利等强势话语遮蔽了古典的正义传统，提出强调个人权利至上的自由主义、功利主义等思想。寻找善与正当的根源，学者们一直没有放弃努力。对于个人权利的来源的问题，学者们分为自然权利学派和社会权利学派。

1. 正义即合乎自然权利平等的理念

早在古罗马时期，西塞罗与柏拉图一样借用《国家篇》和《法律篇》讨论正义问题。西塞罗认为国家是由自然人基于正义的协议而形成的。正义根植于自然赋予人的理性，人是接受了大自然理性馈赠的创造物，因而也就接受了正确的理性。而正义则是理性的体现，它是一种自然的、普遍的、永恒的原则。"这种理性在人类意识中展开之后，就变成了人类的法律，这种法律根植于大自然之中，被称为自然法。所以法律是一种自然的力，是根植于人性之中的人的理智和理性，同时也是衡量正义和非正义的标准。"② 在这

---

① 〔古希腊〕亚里士多德：《尼各马科伦理学》，苗力田译，中国人民大学出版社，2003，第130页。

② 陈开先编著《政治哲学史教程》，科学出版社，2010，第42页。

里，自然法超越特定国家和文化，属于自然和宇宙的理性原则。自然法高于人类的法律，是评判人类行为正确与否的标志。而正义以自然法为核心内容，正义就是按照自然法行事。自然法就是一种普遍的正义，是人类应当遵循的道德法则。西塞罗将正义视为自然法的化身，并认为正义是人类社会和法律的基础，对后世的政治哲学和法学理论产生了深远的影响。

但在霍布斯这里，自然概念发生了一些变化。霍布斯通过他的自然概念来探讨人类在没有家庭关系、没有社会等级和宗教等情况下的自然状态，认为所有个体在力量上都是平等的，所有的人都受到自然规律的支配；人人都自保，这是自然而然的，它受简单的基本规律支配。人类社会不过是从这两种人性出发演绎出来的一系列原因和结果。在自然法则下，人的自保本性导致人的自私、充满恶欲。人们为了和平而订立一份契约，这种契约就是依据所谓的"自然法"或者"自然律"。有了共同缔结的契约，人类才摆脱了自然状态进入文明状态。这样一来，人也逐渐变为理性的生物，完成了由个人权利向公共权利的转变。正义的性质就在于遵守有效契约来保护生命自由，形成社会。由此可见，在霍布斯看来，自然法是人们在理性的指导下发现的一种法则，它旨在建立和平且稳定的社会关系，以便更好地保护人自己。通过遵循自然法的原则，人们可以摆脱自然状态下的冲突和不安，实现和平共处。

当然，仅仅解决了和平相处的规则还不够，人类在这个社会还要生存，还要获取财产。洛克在《政府论》中进一步论证了在自然法则下人的自由权利及财产权的保障问题。他认为，人们在自然状态之下先验地被赋予了权利。这种天赋权利告诉我们，人们都是平等和独立的，这种平等与独立就包括生命、健康、自由和所有物的平等与独立。"自然状态有一种人人所遵守的自然法对它起支配作用。"[1] 洛克赋予生命、健康、自由和财产权以先天正当性。当然，这种先天具有的占有财产的权利如果没有裁决权的保护，则是不稳定的。因为大部分人不会严格遵守公道和正义，故洛克"创设了"政府。根据契约联合组成政府可以克服许多弊端。在这里，建立政府仍是有效保护财产权的必然选择。洛克把自由财产权视为正义的基础，并以之作为国家和政府得以建立的基本价值原则。这样就能更好地保护人自己的生命、自

---

[1] 〔英〕洛克：《政府论》（下篇），叶启芳、瞿菊农译，商务印书馆，1964，第6页。

由和财产等基本权利。

无论是霍布斯还是洛克,他们都从自然权利开始论证人的自由平等,他们以自然状态为起点论证社会的合法性,这里的自然状态只是为了给论证人类社会的稳定性提供依据,其目的在于为人类社会维持秩序做铺垫。他们不是关注社会整体的目的善,而是关注个人如何才能达到自由、平等,防止被他人或政府侵犯和更好地维护自己的利益。在他们看来,唯有维护好个人自由、平等权利的社会才是正义的社会。这反映了在资本主义的产生和发展时期,人们对个人的自由权利和利益的重视,特别是在资本主义市场经济的发展和繁荣时期,人们更加追求自身的权利和利益。如何处理不同人的权利和利益,成为人们共同关心的内容。因此,近代西方学者从个人自由、平等、权利寻找社会合法的根基,寻找正确处理人们利益关系的制度,具有历史进步性。

2. 正义即维护人的权利的社会自由

早期西方学者从人性和自然权利的角度对自由、平等权利等理念进行深入阐述,进而研究了正义的根据,康德、黑格尔等人对此并不认同。康德认为,人们在自然状态中,是一个自然人,而不是一个道德的存在者,无所谓善恶。在社会状态中,康德以先验的纯粹理性为开端来界定人的权利。在康德看来,自然权利学派在论证自由平等权利的过程中,无论是保护生命还是保护财产,都是建立在自然所赋予的目的和欲望之上的。他认为,正当权利应是义务论,而不是自然权利论。对自由的重视不是来自外在的强迫,而是内在的要求。权利的唯一源泉和内容就是意志自由,自由是意志的同义词,是意志的根本规定性,如同重量是物体的根本属性一样。自由作为理性存在物的本质规定成为社会组成的基础,而善良意志又须出于义务动机才是正当的,因此,自由也是无条件和普遍性的,它不能够从经验中产生,因为来自经验之上的契约论无法成为充当正义的依据,相反,只有建立在意志自由上的社会才是正义的社会。由此,康德不再把公民状态说成是建立在任意一种社会契约之上,而是认为它建立在普遍律法的基础上,即所谓正义就是这样一种道德法则:"要只按照你同时认为也能成为普遍规律的准则去行动。"[①]正义法则表述为命令,外在地要这样去行动。必须用普遍的律法来限制每个

---

① 〔德〕伊曼努尔·康德:《道德形而上学原理》,苗力田译,上海人民出版社,2005,第39页。

人的外在行动，从而使每个人的自由协调一致。① 这样，在康德看来，每个具有意志的理性主体都是自由的，并且都应依从律法而行动。

然而，在黑格尔看来，康德正义原则也存在问题。黑格尔批评康德把理论理性与实践理性严格区分开来，从而造成科学与道德的对立。他希望通过一种综合思辨的原则赋予道德和宗教以逻辑的支持，这就是辩证法。从逻辑的演化出发，他把"实在"看成是一种运动和动态的过程，在这一过程中，历史就呈现出唯理的、必然的和逻辑的展示。它表现为绝对精神这一神圣的理性，它在政治哲学领域就表现为自由意志。具体展开为法（外在）、道德（内在）以及伦理。②

黑格尔指出，法的地位和出发点是意志。黑格尔进一步强调，自由意志不是固定的，而是根据对必然的认识而行动，它的行动也不受偶然性的干扰。在社会中，自由被理解为一种社会运动，而这种自由是通过社会集体道德的发展而产生的。黑格尔强调的是个人与社会的统一，个人不能离开社会，社会也不能脱离个人，二者是普遍性与特殊性的统一，是主观与客观的统一，是理性存在和感性存在的统一。在黑格尔看来，个人自由不能离开国家，"个人只有在致力于为国家服务的前提下，才能获得真正的自由"③。正义也不能仅是对个人自由、平等权利的保护，还必须是对整体利益的保护。

黑格尔吸收了康德把自由视为人的本性的观点，强调自由如同总量之于物体一样，属于人的属性。但他更强调自由的实现过程是人之本性的自然显现。黑格尔批判了自然权利学说的基于社会契约论的国家观念，认为社会契约论是人的任意性的产物。它既可以订立，也可以解除。"自然权利学派的国家学说，是用特殊性排斥普遍性，用个人意志取代普遍意志作为国家的基础，这必然把国家视为人类意志的偶然产物。"④ 因此，在制度设计上，黑格尔主张国家是一个有机整体，其本性是统一的，不应该机械分开。他不同意分权制度，因为这违背国家的本性，⑤ 只有在整体中才能实现公平正义。当然，这种整体不是建立在现实关系基础之上的整体，而是思辨的整体，是

---

① 陈开先：《政治哲学史教程》，科学出版社，2010，第194页。
② 陈开先：《政治哲学史教程》，科学出版社，2010，第207~208页。
③ 陈开先：《政治哲学史教程》，科学出版社，2010，第208页。
④ 陈开先：《政治哲学史教程》，科学出版社，2010，第209页。
⑤ 陈开先：《政治哲学史教程》，科学出版社，2010，第211页。

"绝对精神"的产物。

　　无论是康德还是黑格尔,都探讨如何维护个人在社会中的自由、维护社会秩序,探讨个人在社会中如何与他人相处。但康德把正义视为个人意志与他人意志的集合,在正义的社会中,个人这样行动,即"每个有理性东西的意志的观念都是普遍立法意志的观念"①,制度被视为规范个人权利的界限。而黑格尔把自由视为一个过程,个人自由意志按照绝对精神的逻辑运行,个人自由不能离开社会的发展,个人利益的实现不能离开社会利益的实现,个人与社会是统一的,自由权利是普遍性与特殊性的统一。虽然黑格尔看到了个人主义的缺陷,把个人权利、自由置入过程中来考察,从整体视角来观照,对马克思产生重要影响。但黑格尔却把整体精神视为出发点,把绝对精神视为动力源,犯了唯心主义的错误。

　　西方政治哲学尤其是近代西方政治哲学对正义问题的讨论,仍在形而上的范畴中进行,脱离了共同体。大多难以突破抽象权利的樊篱,大多摆脱不了资产阶级社会中单子化的个人。② 按照罗尔斯的划分,正义有形式与实质之分。形式正义指一个社会制度对于基本权利和义务的分配并没有在个人之间作出任何仁义的区分,其原则规范要求对利益的冲突有一个恰当的平衡。而实质正义则是具有实质意义的,涉及这种区分和平衡的标准和原则究竟是什么的问题。③ 从形式来看,正义是不偏颇、平等待人或对等。因此,"正义总是与平等有某种联系,或者说,'平等'就是这个'常'"。④ 从实质正义来看,可以分为六种类型,即强力正义观、功利正义论、契约正义论、自然正义论、神学正义论和天道正义论。其中,功利正义论、契约正义论对当前正义观影响较大。功利正义论主张正义应该依据功利、幸福来确定,正义是"最大多数人的最大利益",最大限度促进这种利益的社会制度,就是正义的制度。而契约正义论认为,正义来自契约,"这契约可能是现实的,但更可能是虚拟的,实际上是人的理性立法、意志自律"。⑤ 因此,正义与理性、权利、自由等是联系起来的。罗尔斯将正义的原则界定为自由优先原则,在公

---

① 〔德〕伊曼努尔·康德:《道德形而上学原理》,苗力田译,上海人民出版社,2005,第51页。
② 王广:《正义之后》,江苏人民出版社,2010,第4页。
③ 转引自何怀宏《伦理学是什么》,北京大学出版社,2008,第208页。
④ 转引自何怀宏《伦理学是什么》,北京大学出版社,2008,第214页。
⑤ 何怀宏:《伦理学是什么》北京大学出版社,2008,第218~219页。

平机会的前提下关怀那些处境最不利者，也就是在保障基本自由的前提下最大限度兼顾利益平等。由此可见，西方自由主义正义观是与平等、自由、利益、权利等紧密联系起来的一个综合性的理论。

（三）基于现实关系基础上的"人的自由而全面发展"：马克思主义正义思想

马克思从社会关系的角度，强调"现实的人"而不是"抽象的人"，强调作为整体的"人的自由而全面发展"的实现，而不是部分人的自由权利的实现，从而超越了西方正义思想；特别是从生产关系的角度分析公平正义问题，打破了从理念出发分析现实不公平的理路。正义并不仅是一条抽象的法权原则，它归根到底是对特定历史阶段生产方式的反映。由于生产方式是不断流变的和跃升的，分配方式也会随之发生历史性转变，这意味着判断分配是否正义，不能采取一劳永逸的标准，而应该将之置于不同的历史条件和生产方式中加以考察。

1. 生产关系：正义的实现基础

在自由主义者看来，正义与自由、权利、平等、私有财产是密切联系的；没有自由、平等权利就没有正义可言，没有个人对财产的占有权也就没有正义可言。然而，这种与自由、权利、私有财产相联系的正义是有其历史形成原因的，建立在私有制基础上的自由、平等理念实际上是资本主义自由竞争在意识形态方面的体现，它的形成深深打上了深刻的市民社会印记。然而，资产阶级却将这一时期的权利要求抽象为"永恒的理念"，成为脱离时间空间的普遍标准。"近代意义的自由、平等是商品经济的产物。"[1] 商品为了流通，需要具有"独立性"的劳动者、资本和资源的自由流动，以达到节约成本、提高效率的目的。然而，这种流通的目的不是为了尊重人、发展人。"难道建立在私有财产的基础之上的正义能够导向对人的价值的尊重？"[2] 在资本主义制度下，这种"自由""平等"更多地是为了资本增殖。

黑格尔虽然也看到了近代自然法理论的缺陷，并以历史的敏锐性指出这种自然状态并非真正的起点，指出"现代国家"的秘密是市民社会和政治国

---

[1] 林进平：《马克思的"正义"解读》，社会科学文献出版社，2009，第102页。
[2] 林进平：《马克思的"正义"解读》，社会科学文献出版社，2009，第105页。

家的分离，但在如何克服市民社会和政治国家的二元对立的问题上，他最终又把这种基于历史的"发现"纳入他的思辨哲学之中，使市民社会变为通往政治国家的一个环节。[1] 而自由主义的正义本身最终导致的不是人的自由而全面的发展，而是人的孤立与异化。马克思指出："在资产阶级社会里，资本具有独立性和个性，而活动着的个人却没有独立性和个性。"[2] 这在《1844年经济学哲学手稿》中得到了详细的论证。马克思在该著作中对异化劳动进行了批判，指出了异化劳动的根源在于私有制。如何才能实现真正的公平社会呢？马克思并没有从抽象理论上去分析，而是转向了经济学和历史学的研究，这就需要经济学研究的转换。

马克思批评西方经济学者从单个孤立的人出发，以人性为基点，论证资本主义生产关系的自然永恒性。马克思认为："在他们看来，这种个人不是历史的结果，而是历史的起点。因为按照他们关于人性的观念，这种合乎自然的个人并不是从历史中产生的，而是由自然造成的。"[3] 马克思从现实的人出发，指出："摆在面前的对象，首先是物质生产。在社会中进行生产的个人，——因而，这些个人的一定社会性质的生产，当然是出发点。"[4] 人通过劳动而自我创造，自我生成。"整个所谓世界历史不外是人通过人的劳动而诞生的过程，是自然界对人说来的生成过程。"[5] 马克思从人与自然交换的劳动实践出发，寻找最终实现人的自由、平等的路径。在社会关系中，生产关系是最主要、最基本的关系。生产关系中，生产资料的所有制是主要内容。从所有制形式来理解正义，而不是从孤立的个人来解决理解正义，才能真正理解公平正义的本质。私有财产所表明的无非是个人对生产资料的占有关系，生产就是"个人在一定社会形式中并借这种社会形式而进行的对自然的占有"。[6] 在资本主义社会，这种对生产资料的占有是建立在私有制和异化劳动基础上的占有形式。

马克思从生产方式的矛盾运动来分析公平正义。资源的有限导致人们对利益的争夺，为了防止人们的无序争夺，必须要有一定的规则来约束人们的

---

[1] 林进平：《马克思的"正义"解读》，社会科学文献出版社，2009，第86页。
[2] 《马克思恩格斯选集》第1卷，人民出版社，2012，第415页。
[3] 《马克思恩格斯选集》第2卷，人民出版社，1995，第2页。
[4] 《马克思恩格斯全集》第30卷，人民出版社，1995，第22页。
[5] 《马克思恩格斯全集》第42卷，人民出版社，1979，第131页。
[6] 《马克思恩格斯全集》第46卷上册，人民出版社，1979，第24页。

行为，这就促使了人们对正义的追求。因此，正义来源于哪里？学者们要么是从"先天""先验"视角，要么从"后天""经验"来探究其根源。马克思反对抽象的正义理念，认为没有一切社会状态所共有的永恒正义，包括自由、平等等。而"平等是正义的表现，是完善的政治制度或社会制度的原则，这一观念完全是历史地产生的"。① 从内容来看，正义的现实性必然是解决不同利益诉求，实际上，利益分配必然诉诸生产方式以及生产规律。"正义观所反映的内容，既表现为对特定经济制度的适应，也表现为对特定的利益格局的呼唤。"② 正义所反映出来的内容或者其实现的可能性，都从属于一定的经济发展方式和利益格局。不是正义观念决定着利益分配，而是生产方式以及所有制形式决定利益分配，影响正义观念。每一时代中占统治地位的统治阶级具有不同的正义观。统治者把自己的利益凌驾于所有人利益之上，把自己的价值视为普遍价值，通过所谓的正义原则进行分配，从一定程度上隐蔽了其剥削本质。"正义是社会生产的产物，是一个历史范畴"。③

2. 按劳分配：正义实现的基本原则及标准

马克思的按劳分配原理被称为"社会主义按劳分配原则"，是他在《哥达纲领批判》中首次明确提出的。这一原则主张在社会主义社会中，个人的收入应该根据他们的劳动数量和劳动质量来决定，应按照他们在共同体中的贡献进行分配。而在公有制下，劳动贡献是最主要的贡献。

马克思的按劳分配原理来源于他对资本主义社会的批判和对社会主义社会的设想。他认为，在资本主义社会中，工人的劳动成果被剥夺，他们的工资并不能真实反映他们的劳动价值，他们的劳动价值被资本家无偿占有了。这种分配方式导致了社会的不公平和不平等。在马克思看来，资本主义过渡到共产主义的第一阶段，即社会主义阶段，无产阶级掌握了政权后，生产力还不发达，应实行"按劳分配"原则。

马克思主张在社会主义社会实行按劳分配的原则，即每个人的收入应该与他们的劳动数量和劳动质量成正比。这样，每个人都能根据自己的劳动得到相应的回报，从而实现社会公平。然而，马克思也指出，按劳分配虽然比资本主义社会的分配方式更加公平，但它仍然存在一定的不平等，因为它没

---

① 《马克思恩格斯全集》第 26 卷，人民出版社，2014，第 357 页。
② 林进平：《马克思的"正义"解读》，社会科学文献出版社，2009，第 120 页。
③ 林进平：《马克思的"正义"解读》，社会科学文献出版社，2009，第 121 页。

有考虑到人们的不同需求和能力。因此，他并没有绝对地"一刀切"，而是辩证地理解这一条件。马克思在《1844年经济学哲学手稿》提到的第三阶段的共产主义，被他理解为个人占有的普遍化，这表明马克思并不否认社会存在个人占有或个人财产。"资本家对这种劳动的异己的所有制，只有通过他的所有制改造为非孤立的单个人的所有制，也就是改造为联合起来的、社会的个人的所有制，才可能被消灭。"① 在共产主义的第一阶段，当生产资料属于集体之后，社会总产品在进行必要扣除之后，按照劳动量分配给每个劳动者，成为他们个人占有物或者个人财产。

按劳分配的前提是社会产品总和的一部分被作为"社会基金"直接面向弱者，比如残疾人或者其他不具备劳动能力的人。因而，这种分配方式并没有脱离共同体，并没有将个人权利与政府对立起来，而是彰显社会公共服务职能。马克思坚持从社会共同体出发，统筹考虑每个人的需要和利益，充分显示出个人利益与社会利益的统一性。

社会主义社会的生产力水平尚未达到共产主义社会的水平，劳动也还是谋生手段，脑力劳动和体力劳动的对立依然存在。一方面，将分配正义的原则从抽象拉回到现实，实现了分配正义理论的实践转向，超越了把分配正义抽象化、永恒化的传统观念。另一方面，这种分配正义充分证实了不能脱离一定历史时期的现实生产力发展水平，也不能脱离特定的生产关系和阶级利益，而应该充分考虑共同体利益下每个人的劳动贡献和生存需要，充分尊重人的自由平等和自我实现。

3. 统筹兼顾：正义实现的重要方法

共同体与个体是相辅相成的关系。个体利益的获得离不开共同体，没有共同体，个人利益就没有保障，而共同体也是由个体组成的，没有个体共同体也就是无。因此，要统筹兼顾共同体利益与个体利益。

西方学者将实现公平正义诉诸人的理性、道德或无知之幕下的选择。在康德那里，人们需要按照道德律令来决定自己的行为，准则就成了命令，正义法则就是一种道德法则，人们按照它而行动。而马克思主义认为，公平正义社会的实现立足于社会现实运动，是人们不断解决社会关系中的矛盾而不断实现的过程。"还存在着一切社会状态所共有的永恒真理，如自由、正义

---

① 《马克思恩格斯文集》第8卷，人民出版社，2009，第386页。

等等。但是共产主义要废除永恒真理"。①

传统公平正义思想将人的"类"本质作为出发点，寻找"类"的共同点。其实，这种"类"是建立在人的自然属性或抽象理性基础上的"类"，例如霍布斯强调人都"恐惧死亡""保全生命"，斯宾诺莎强调"自然权利"，"每个个体都有这样的最高的律法与权利，那就是，按照其天然的条件生存与活动"。② 为了和平相处，人人试图通过社会契约构建所谓的正义社会，其路径在于契约的订立及其遵守。这种"类"的本质的追求是依靠"理性"逻辑或"神"的启示实现的，它否定从运动中去寻找解决的途径，不是从矛盾对立面去探讨公平正义社会的实现路径，其结果是在资本主义社会，无产阶级一旦与资本家订立契约后，除了出卖自己的劳动力，什么也没有。马克思强调，"异化劳动从人那里夺去了他的生产的对象，也就从人那里夺去了他的类生活"，③ 实际上，我们都处在一个复杂的共同体之中。

其实，马克思不反对"类"，他也常提到"人类"，马克思说："任何真正的哲学都是自己时代的精神上的精华，因此，必然会出现这样的时代：那时哲学不仅在内部通过自己的内容，而且在外部通过自己的表现，同自己时代的现实世界接触并相互作用。那时，哲学不再是同其他各特定体系相对的特定体系，而变成面对世界的一般哲学，变成当代世界的哲学。"④ 但马克思反对离开一定条件抽象地讨论"类"，而是主张"类"要与自己时代相联系，要建立在具体的社会关系中。这种"类"受到一定阶段的现实条件制约。马克思强调"人类"的解放与自由，但这种"类"不是空洞的，而是有现实基础、可以实现的理想目标。马克思也赞成理性，但不是基于原子式个人基础上的抽象工具理性，而是基于实践理性基础上的个人与共同体辩证统一的理性。马克思也谈到分配正义，但都没有离开作为个人与社会辩证统一的"共同体（类）"。他指出，在将社会总产品分配给个人之前，应该扣除用来维持、扩大或保障生产的部分和用作社会管理、公共建设与官办济贫事业的部分劳动产品，然后才能进行分配。于是，提出"以同一尺度——劳动——来计量"的"按劳分配"阶段，"劳动"的时间或强度仍然作为分配

---

① 《马克思恩格斯文集》第 2 卷，人民出版社，2009，第 51 页。
② 〔荷兰〕斯宾诺莎：《神学政治论》，温锡增译，商务印书馆，1963，第 212 页。
③ 《马克思恩格斯选集》第 1 卷，人民出版社，1995，第 47 页。
④ 《马克思恩格斯全集》第 1 卷，人民出版社，1995，第 220 页。

的尺度,这"对不同等的劳动来说是不平等的权利"①。因此,探讨正义不是从理念出发,而是要联系一定时期的共同体实际状况。一定时期的物质生产方式决定着社会公平正义的发展状况。一个社会公平正义的程度与该国人民的生产实践方式与水平具有相关性。正义社会的实现不是一蹴而就的,而是一个辩证发展的历史过程。从共同体中的个人而不是抽象的个人出发,从现实矛盾关系出发而不是求助于理念或契约,以问题为出发点着眼于现实矛盾的解决,正是马克思公平正义实现的基本路径。

由此可知,正义是发展过程中的正义,也是社会中的正义,是在社会实践中实现的正义。马克思并没有把正义作为抽象的原则加以构建并追求之,他更多地从生产实践运动中去寻找之。唯物辩证法认为,人们首先要解决吃穿住行的问题。为了解决生存问题,人必须要劳动,必须要变革环境。人们在实践过程中,面临着诸多矛盾。人们不断提出问题、分析问题、解决问题的过程就是不断解决矛盾、实现社会公平的过程,最终实现人的自由而全面的发展。而统一于生产实践的"人类"的共同性,是"经过比较而抽出来的共同点,本身就是有许多组成部分的、分为不同规定的东西"②。人们的"生产一般"就是不断发展生产力,增加社会财富,最终为人的自由全面发展创造条件。资本主义社会主张通过所谓的正义理念规范人与人之间物质利益的分配,从理念、从权利来界定人们的应得,离开"生产一般"来探求分配正义,这无异于"缘木求鱼"。由此形成的对公平正义社会的向往和追求,是不可能实现的。"一切社会变迁和政治变革的终极原因,不应当到人们的头脑中……而应当到有关时代的经济中去寻找。"③ 由此可知,马克思主义公平正义思想体现在社会解放、人类解放的运动中,是在不断克服困难、解决矛盾中实现的。

马克思批判建立在抽象自由、平等等理念基础上的资本主义公平正义观。自由、平等是商品经济的产物,自由、平等源自市民社会,而不是"自然状态"或"神本状态"的社会。市民社会由于商品经济而相互联系起来,然而,这种联系是建立在人与人相分离的基础上。它并没有深入生产关系中

---

① 《马克思恩格斯文集》第 3 卷,人民出版社,2009,第 435 页。
② 《马克思恩格斯选集》第 2 卷,人民出版社,1995,第 3 页。
③ 《马克思恩格斯选集》第 3 卷,人民出版社,1995,第 741 页。

去分析，并没有触及生产资料的占有方式。在这种情况下，原子式的个人通过契约联系起来，人与人只是形式上的平等，即公民在法律面前人人平等。实质上，广大无产阶级仍然处在资本的奴役之下。马克思看到资本主义背后的强权与实质上的不平等，指出私有产权和资本是这一切不公平的渊源。经济上的不公平通过异化导致社会的不公平。要实现公平正义的社会，需要消除异化状态，消灭私有制。

第二节　作为共同体的环境正义

传统伦理学只是把人作为共同体成员，这是远远不够的，包括土壤、河流、生物、岩石等都要包括进来，因为作为"类"的人的活动影响环境，环境也影响人类生存。在马克思主义看来，实践是人的存在方式，公平正义的社会不是依靠抽象理念而实现的，而是在持续的实践中不断实现人的自由全面发展。实践活动构成人类社会存在与发展的真正基础。其中，生产活动是最根本的社会实践活动。环境是人类生存的基础，也是共同体形成的基础，人类的生产活动直接地与自然界打交道。环境构成一个社会共同体的坚实基础。人和自然处于相互联系相互影响的关系之中，需要遵循一定的规范。环境由于人类不合理的利用和排放，产生了一系列的问题，因此，更需要反思人与自然的伦理规范。

（一）人与自然处于有机的生命共同体之中

环境是生物的栖息地，它包括生物生存的必需的条件。具体到某个生物群落来讲，环境就是指影响该群落发生发展的无机因素（光、热、水、大气等）和有机因素（微生物、植物、动物和人类）的总和。就人类而言，环境包括自然环境和社会环境。自然环境从大的方面来讲，包括宇宙环境、地球环境和地区环境等，如大气环流、地理纬度、地形等。不同的气候环境和地理区域影响到生物的生存与分布，产生了生物种类的特征或生物群系，如温带森林、热带森林等。从小的方面来讲，是为生物提供所需要的生活条件，小环境直接影响生物的生活，如植根系接触的是土壤小环境，包括温度、湿度、气流变化而形成的生境等。生物的一切生长活动都必须在一定环境中进行，生物有机体的存活需要不断地与其周边环境进行物质与能量的交换。①"环境作用于生物，生物又反作用于环境，生物与环境的这种相互作用，使得生物不可能脱离环境而存在。生物与环境之间这种普遍存在的相互关系，用生态学的话语方式，可以概括为生物个体通过各种形态、生理和生物化学的机制去适应不同环境的过程和环境对生物的塑造作用，以及生物群体在不同环境中的形成过程及其对环境的改造作用等。"②

自然界养育着人，人的生产资料、生活资料都是自然界提供的，由此自然也成为人的无机身体，"没有劳动加工的对象，劳动就不能存在"，自然"提供工人本身的肉体生存所需的资料"，为劳动者提供生产资料，"没有自然界，没有感性的外部世界，工人就什么也不能创造"。③自然成为人的不可缺失的一部分。当然，人要生存，必须要与自然不断沟通。自然界不仅提供给人物质资料，也在精神上给人带来愉悦。"所谓人的肉体生活和精神生活同自然界相联系，也就等于说自然界同自身相联系，因为人是自然界的一部分。"④"从理论领域说来，植物、动物、石头、空气、光等等，一方面作为自然科学的对象，一方面作为艺术的对象，都是人的意识的一部分，是人的精神的无机界，是人必须事先进行加工以便享用和消化的精神食粮"。⑤

自然也离不开人。从生物循环角度来说，人在自然循环系统中处于最高位置，人类在维持生态平衡、促进系统循环中具有重要作用。"生物资源增长的速率与生物种群的数量或存量相关，即对于给定的生长环境，增长速率（设为 g）是种群数量或存量（设为 x）的函数 g(x)。在存量低时，增长量也很低。如果此时继续收获，种群量就会继续减少以至最终灭绝。如果种群量过大，就会出现过度拥挤，增长的营养空间将制约该种资源的继续增长，增长率可能将为零。因此，对可再生的生物资源的利用如果不当，也会导致物种灭绝，成为不可再生资源。"⑥

---

① 张小芳、江丹、李媛、任重：《自然生态系统的伦理学逻辑与文化阐释》，江西人民出版社，2014，第 7 页。
② 张小芳、江丹、李媛、任重：《自然生态系统的伦理学逻辑与文化阐释》，江西人民出版社，2014，第 8 页。
③ 《马克思恩格斯全集》第 42 卷，人民出版社，1979，第 92 页。
④ 《马克思恩格斯全集》第 42 卷，人民出版社，1979，第 95 页。
⑤ 《马克思恩格斯全集》第 42 卷，人民出版社，1979，第 95 页。
⑥ 洪银兴主编《可持续发展经济学》，商务印书馆，2000，第 163 页。

因此，人与自然既相互制约，也相互依存，和谐统一。当然，人与自然处于统一体中，处于不断交往之中，不能突破一定的"度"，包括资源消耗的"度"，环境污染的"度"，生物多样性的"度"等，人与自然要在一定的"度"内才能交往下去，循环下去。突破了这个"度"，破坏了共同体，任何人的利益都不可能得到保障。"维持经济增长必然要消耗资源和排放废弃物，从环境污染的经济分析来看，只要污染不断地扩散，废弃物不断地增加，环境可能提供的服务的数量和质量就会不断下降。如果废弃物的数量小于环境的净化能力，虽然不会产生经济意义上的污染，但自然环境仍会发生一定程度的量变"。① 人们进行环境保护，就是要维护好这一"度"，使得人与自然能够在这一"度"下和谐共生、顺利交往。

（二）人与自然处于整体的社会组织系统中

生物与生态环境之间的关系是长期进化的结果。生物既有适应生态环境的一面，又有改造生态环境的一面。

自然界中，人与自然的和谐不同于生物之间或自然环境之间的和谐，因为生物与自然之间的和谐是本能使然，是无意识的。"动物和它的生命活动是直接同一的。动物不把自己同自己的生命活动区别开来。它就是这种生命活动。人则使自己的生命活动本身变成自己的意志和意识的对象。"② 因此，人与人之间的和谐具有意识性、社会性、主观能动性。人类社会与自然世界组织方式的不同，导致人与自然的相处关系也不同，人与自然的伦理关系必然受到人与人的伦理关系的影响。

人与自然相交往的主要方式是劳动实践，劳动实践是最基本的形式。当然，人们改造自然的劳动是在一定的组织形式中进行的。"自然界的人的本质只有对社会的人说来才是存在的；因为只有在社会中，自然界对人说来才是人与人联系的纽带，才是他为别人的存在和别人为他的存在，才是人的现实的生活要素；只有在社会中，自然界才是人自己的人的存在的基础。"③ 只有将人与自然关系置入劳动实践关系中，才能更好地处理好人与自然的关系。为了真正解决人和自然、人和人之间的矛盾，人将"向自身、也就是向

---

① 洪银兴主编《可持续发展经济学》，商务印书馆，2000，第169页。
② 《马克思恩格斯全集》第42卷，人民出版社，1979，第96页。
③ 《马克思恩格斯全集》第42卷，人民出版社，1979，第122页。

社会的即合乎人性的人的复归"。①因此，马克思在《1844年经济学哲学手稿》中指出，"我们看到，工业的历史和工业的已经产生的对象性的存在，是一本打开了的关于人的本质力量的书，是感性地摆在我们面前的人的心理学"；②"自然科学却通过工业日益在实践上进入人的生活，改造人的生活，并为人的解放作准备，尽管它不得不直接地完成非人化。工业是自然界同人之间，因而也是自然科学同人之间的现实的历史的关系。因此，如果把工业看成人的本质力量的公开的展示，那么，自然界的人的本质，或者人的自然的本质，也就可以理解了；……因此，通过工业——尽管以异化的形式——形成的自然界，是真正的、人类学的自然界"。③

然而，社会组织方式不同，实践目的不同，对人与自然的关系影响也会不同。在自然资源的私有制下，"异化劳动从人那里夺去了他的生产的对象，也就从人那里夺去了他的类生活，即他的现实的、类的对象性，把人对动物所具有的优点变成缺点，因为从人那里夺走了他的无机的身体即自然界"。④在异化劳动下，劳动者不是感到幸福，而是感到不幸，因为他们"不是自由地发挥自己的体力和智力，而是使自己的肉体受折磨、精神遭摧残"。⑤资本主义私有制没有让人得到自由全面的解放，而是让人与自然相对立，把多数人推入了异化状态：不仅导致劳动者与其劳动产品的异化、劳动者与其活动本身的异化、劳动者与其类本质的异化，以及人与人的异化等，还导致人与自然的异化。自然界越来越抵抗人类的行为，自然灾难也比任何时候更加频繁和严重。从实践目的性来分析，人与自然处于统一体中，它们之间的关系不是征服与被征服的关系，而是和谐共生关系。应该在改变对生产资料的不合理占有的基础上对社会发展成果进行调控，从而使劳动成果不断满足多数人日益增长的合理需求，而不是归少数人掌控以满足他们的奢侈需求。应该使自然在得到合理休息的同时不断地给人类提供健康的空气、干净的水等生态产品。事实上，这种实现过程并不是一帆风顺的，而是充满着斗争与矛盾的。这种斗争在学者们看来，主要体现为发达国家与发展中国家之间、国内

---

① 《马克思恩格斯文集》第1卷，人民出版社，2009，第185页。
② 《马克思恩格斯全集》第42卷，人民出版社，1979，第127页。
③ 《马克思恩格斯全集》第42卷，人民出版社，1979，第128页。
④ 《马克思恩格斯全集》第42卷，人民出版社，1979，第97页。
⑤ 《马克思恩格斯全集》第42卷，人民出版社，1979，第93页。

城乡之间、地区之间以及不同群体之间在生态利益方面存在的斗争。

由此可见，在一定社会组织下的人与自然的交往方式体现在：一方面，自然为人类提供必需的环境与自然资源，如清新空气、干净的水、适宜的环境等，这就需要我们与自然的交往符合自然规律，不能伤害自然生命力；另一方面，人类在一定社会组织下对自然进行开采与利用，对生态产品进行分配。

（三）人与自然作为共同体处于相互对立又相互依赖的历史进程中

人与自然共同处在一个地球上，共同拥有地球。人类同其他生命体一样，依赖这个共同体，同时又为了争夺资源而相互竞争（斗争）。从历史进化的角度来看，地球上的万事万物都与太阳有关。太阳为生命的诞生提供了第一大贡献。"地球上生命生存必需的能量主要来自太阳的辐射，即我们所说的'太阳能'……一种是热能，它给地球送来了温暖，使地球表面土壤、水体变热，引起空气和水的流动；另一方面是光能，它在光合作用中被绿色植物吸收，转化为化学能形成有机物，这些有机物所包含的能量沿着食物链在生态系统中不停地流动。"[①] 在人类历史的早期，人类对生物圈性质的影响和作用并不大，随着科技的发展，人类利用和支配自然的能力不断提高，工业革命后，沉睡在地壳中的燃料和金属矿产被大量开采而进入生物圈，生物圈也出现了许多人工合成的化学物质，如农药、化肥、除草剂、塑料等，影响到气候、土壤、生物种类等。

人与自然处于相互交流相互影响的过程之中。人类通过实践劳动改造自然，自然也在历史长河中，不断消耗人类的劳动成果。一方面，自然人化；另一方面，人化自然，由此形成了自然历史和人的历史。而这两个历史是在不断演化中交错前行的。

作为人的生存和发展的先决要素的自然，是在与人类相互作用的过程中形成的历史中的自然。在马克思看来，"被抽象地孤立地理解的、被固定为与人分离的自然界，对人说来也是无"[②]。"人只有凭借现实的、感性的对象

[①] 张小芳、江丹、李媛、任重：《自然生态系统的伦理学逻辑与文化阐释》，江西人民出版社，2014，第10页。
[②] 《马克思恩格斯全集》第42卷，人民出版社，1979，第178页。

才能表现自己的生命"。① 马克思研究的自然是人与自然关系中的自然。他所解释的人与自然的关系也是历史和现实相统一的人与自然的关系。马克思明确地指出:"历史可以从两方面来考察,可以把它划分为自然史和人类史。但这两方面是不可分割的;只要有人存在,自然史和人类史就彼此相互制约。"② 因此,马克思在人与自然的关系问题上,开创了以"人类的生产劳动和实践"为第一研究视角的自然观。

其实,纵观整个马克思主义发展史,到处都有对人与自然关系的关注与解读。马克思主义认为,从历史的角度看人与自然的统一是一个漫长的过程。自然界物质运动经过长期的从低级到高级、从单纯的机械运动到有机生命的存在的自然进化,发展出能思维、从事创造活动的人,这是自然界自身的有机演变,最后达到人与自然的共存。③ 马克思主义哲学揭示了自然界经历的"一切物质所具有的反应特性到低等生物的刺激感性,再到高等动物的感觉和心理,最终发展到人类的意识"的过程,阐述了决定自然界人类社会形成的最为重要的两个方面:劳动和语言。"社会实践,特别是劳动,在意识的产生和发展中起着决定性的作用。劳动为意识的产生和发展提供了客观需要和可能,在人们的劳动和交往中形成的语言促进了意识的发展。"④

马克思的人化自然观科学地揭示了人与自然和谐相处的辩证关系,"自在自然"自从有了人类的参与,打上了人类的印记,被赋予了人类的意志或目的,就形成了"人化自然",记录着人类的历史,反映着人的某一阶段的实践能力。它与人的实践劳动相融合,就形成了以劳动实践为中介的"人—实践—自然"的人与自然相统一的关系图景。"人化自然"为揭示人与自然的关系提供了哲学依据,是马克思在《1844年经济学哲学手稿》中首创的哲学范畴。

人化自然是不断生成的动态过程,工业革命以后,自然形态发生了快速改变。资本对自然资源进行疯狂掠夺,企业向大自然肆意排放污染物,已经对生态系统的能量流动、物质循环、信息传递造成了严重影响,自然日益受

---

① 《马克思恩格斯全集》第42卷,人民出版社,1979,第168页。
② 《马克思恩格斯文集》第1卷,人民出版社,2009,第516页。
③ 白立强:《马克思人化自然观视阈下当代中国和谐生态文明的构建》,《武汉理工大学学报》(社会科学版) 2009年第4期。
④ 本书编写组主编《马克思主义基本原理》,高等教育出版社,2021,第25页。

到破坏。资本的掠夺、技术的异化、污染的加剧日益影响着自然的演变进程，破坏了生态系统。事实证明，自工业文明诞生以来，数百万年的地球基础生态系统变得日益脆弱。当前，资本的扩张性还在继续侵蚀和破坏着生态系统的结构与功能，影响着生态要素之间的循环与转化，破坏着生态完整性、有机性、系统性结构。生态系统的破坏直接影响生态利益的形成。保证自然功能健康安全是实现人类生态利益的基本条件。

　　资本逻辑是导致环境问题的根源。到资本主义阶段，资本的魔力造就了一个新的社会形态。在这个社会里，人们并没有把自然作为自己的生存与发展的前提，而是作为对立物进行征服；没有在自然规律的约束下进行生产生活，而是以资本逻辑代替自然规律，这是遭受自然规律惩罚的根源。"与这个社会阶段相比，以前的一切社会阶段都只表现为人类的地方性发展和对自然的崇拜。只有在资本主义制度下自然界才不过是人的对象，不过是有用物"。[1] 在这样一个资本主导的社会里，资本家往往过分追求经济利益，而忽视了人与自然相互联系的整体性。在这种社会结构下，自然往往被视为可以无限开采和利用的资源，人们忽视了自然的承受能力和生态平衡。随着环境问题的日益严重，人们开始意识到这种发展模式的弊端，并寻求更加可持续的发展方式。

---

[1] 《马克思恩格斯全集》第 46 卷上册，人民出版社，1979，第 393 页。

第二章　环境正义的理论渊源

个人与他人、共同体的关系历来是学者讨论的对象，而人与自然也处在一个生命共同体之中。如何处理好人与自然的关系？人与自然有没有道德伦理关系？这是生态伦理领域研究的主要问题。环境伦理是关于人与自然之间道德关系的学说，有学者认为，自然物具有其独立内在的价值与权利，人仅仅是自然圈中普通的一分子，与其他生物享有同等的地位及权利义务。① 也有学者认为，自然没有自我意识、没有行为能力，人与其不可能结成伦理关系，人与自然之间仅存在价值关系，不存在伦理关系。② 环境伦理主要是研究人与人之间应当如何分配环境资源、如何合作以缓解环境危机的伦理。③

无论自然是否具有独立的道德价值，实际上，如果脱离共同体和现实关系而仅从自然属性或者行为能力来探讨环境伦理，必然会落入抽象空洞的"陷阱"。马克思曾说："人们在生产中不仅仅影响自然界，而且也相互影响。……为了进行生产，人们相互之间便发生一定的联系和关系；只有在这些社会联系和社会关系的范围内，才会有他们对自然界的影响，才会有生产。"④

第一节　马克思主义环境正义思想

西方的正义思想不能成为资本主义生态危机的解决方案，因为它脱离了实践而拘泥于抽象的生态价值探寻，靠它无法找到生态危机产生的根源和解决问题的途径。马克思主义有没有环境正义思想？马克思主义的环境思想超

---

① 柯妍：《从环境伦理角度思考环境立法目的的改造》，《国土与自然资源研究》2004 年第 2 期。
② 傅华：《论生态伦理的本质》，《自然辩证法研究》1999 年第 8 期。
③ 徐文明：《环境法视野下的环境伦理》，《中国海洋大学学报》2012 年第 6 期。
④ 《马克思恩格斯文集》第 1 卷，人民出版社，2009，第 724 页。

越了西方的个人主义思想，但有没有超越物质范畴？本章从马克思主义唯物史观出发，阐释马克思主义环境正义思想，论述马克思的环境正义思想中"人与自然和谐"的有机性、整体性和系统性特征。

（一）关于马克思主义环境正义思想的争论

人的自由而全面的发展不仅包括所有人，而且也是人的全方位发展。它不仅观照每个人的物质方面的发展，也观照每个人的精神、生态等方面的需求和利益。自然是人的自由全面发展的不可缺少的基础，人们从自然界获得力量，通过自然展现自我，表达情感和体现能力；每个人的精神追求也离不开自然界。

有学者认为："马克思和后来的马克思主义者都没有考虑一种建立在利用（所谓的）可耗竭资源基础上的经济（资本主义）如何可能会耗尽生产资料。"他认为马克思主义是在无限制发展的基础上讨论社会的发展和进步的。[①] 也有学者认为，唯物主义把进化看作一种无限的自然历史过程，进化虽然会受到偶然性的影响，却也不会改变理性的支配。[②]

其实，马克思的著作已经阐述了人与自然之间的辩证关系，自然作为创造人、反过来又被人创造的物质和环境力量是可以界定的。"帕森斯相信，马克思和恩格斯的生态立场来自他们的关于社会与自然相互依赖以及通过劳动，人与自然相互转变的著述，还来自他们对技术、前资本主义社会与自然的关系、自然与人的资本主义异化以及在共产主义条件下自然与人关系转变的观点。"[③]

马克思并不认为存在一个独立的自然界，而是认为自然与人处于一个相互关联的世界中，相互关系是其本质。马克思也考虑到了自然的限度，它的限度在于人与自然的共同体中。无论是生态产品的生产，还是人与人的组织方式，都是有限的。"唯物史观从物质生产和商品交换是构成所有社会的基础这一前提出发……为了生产产品，我们也与别人相互作用；我们把自己组

---

① 方世南：《马克思恩格斯的生态文明思想——基于〈马克思恩格斯文集〉的研究》，人民出版社，2017，第71页。
② 〔美〕福斯特：《马克思的生态学——唯物主义与自然》，刘仁胜、肖锋译，高等教育出版社，2006，第17页。
③ 方世南：《马克思恩格斯的生态文明思想——基于〈马克思恩格斯文集〉的研究》，人民出版社，2017，第73页。

织起来——我们作为个体不能把石油生产成一个塑料碗,但我们可以通过社会和集体的方式做到这一点。因此,我们与自然和其他人的关系强烈地受到我们组织生产方式的影响——我们在这个世界上的物质生活基础。"[1]

马克思主义认为,人类要生存,首先要解决衣食住行的问题,而要解决衣食住行的问题,就需要与他人合作。人的生存发展还需要一定的物质结果,即"前一代传给后一代的大量生产力、资金和环境"。[2] 人类在劳动中不断满足自己的需要,劳动是人与人、人与自然连接的桥梁。因此,对劳动实践的分析,是理解人与人、人与自然的切入口,也是理解历史的一把"钥匙"。"在马克思那儿,'自然'这个概念不是一个单纯的经济利益的储藏地,也不是内在价值或利益的一个源泉,也不是一个处在危险之中的生态系统,马克思认为,自然是一个社会的概念:自然被人类社会所重塑和重释。"[3] "当人类通过生产改变自然时,也改变人类的自然即他们自己。"[4]

因此,从共同体和相互联系的辩证角度看待人与自然的关系,是马克思环境正义的基本观点。自然的价值不仅是工具性的物质利益,也包含着道德、精神和审美的价值。[5] 人们通过与自然合作获取生活资料,通过自然而获得精神力量。在资本逻辑和利润至上共同作用下,自然没有了生命价值,劳动者也只能沦为工具。相反,无生命的金钱却极受追捧与崇拜。在机械思维方式下,凡不能带来经济效益的自然资源都被视为垃圾而被抛弃。自然界所有生物在资本面前就是一堆资料,没有"生命"的资料库,服务于资本增殖需要的"仓库"。人也成为在流水线上的"机器",是某一个部位发达的"机器人"。在企业中,人在一个岗位上,重复着一个部位的强劳动,这个部位就因为这个工种而得到锻炼,使人成为畸形的人、没有崇高精神追求的

---

[1] 〔英〕戴维·佩珀:《生态社会主义:从深生态学到社会正义》,刘颖译,山东大学出版社,2012,第80页。
[2] 《马克思恩格斯文集》第1卷,人民出版社,2009,第545页。
[3] 方世南:《马克思恩格斯的生态文明思想——基于〈马克思恩格斯文集〉的研究》,人民出版社,2017,第130页。
[4] 方世南:《马克思恩格斯的生态文明思想——基于〈马克思恩格斯文集〉的研究》,人民出版社,2017,第127页。
[5] 〔美〕福斯特:《马克思的生态学——唯物主义与自然》,刘仁胜、肖锋译,高等教育出版社,2006,第271页。

人、一个片面发展的人。资本家对生产资料的私人占有能够集中社会中的更多生产资源和更多的劳动者进行生产劳作，资本割裂了人与其他生命体的自然关系、表达关系、能力体现关系，从而造成了人们对自身的否定。因此，资本主义社会能够产生比前资本主义社会大得多的生产力，但是导致了精神财富的萎缩、人的精神的异化等。

而马克思辩证地理解人与自然的关系，区别于近代以来西方从主体和客体二元对立中理解自然，区别于西方在工具理性、资本逻辑和生产资料的私有制下对自然的利用、征服。可以说，工具理性、资本逻辑和生产资料的私有制，是破坏人与自然共同体的主要因素。唯有摒弃工具理性，重视生态理性和实践理性，彻底否定资本主义私有制，坚持生产资源公有制，超越资本主义的生产关系，才能实现人与自然的和谐共生。

（二）马克思主义环境正义思想的内容

经济理性与资本逻辑只能导致人与自然的对立，如何才能达到人与人的和谐，人与自然的共同进化？马克思的正义思想中包含着哪些人与自然和谐共处的理论或思想？

1. 实践是人与自然相辅相成的中介环节

实践观是马克思主义区别于其他理论的主要标志，在马克思主义看来，实践是人的基本活动方式，是人的存在和发展的基础。人的生存发展受制于实践的状况，实践观点贯穿自然观的始终。马克思主义认为，人与自然关系是一种实践关系。

第一，人与自然的关系是在一定实践目的指导下的关系。动物与自然不发生"为我"关系，只有人才有"为我"的特性。人的实践史就是人类具有意识以来的奋斗史。人作为来自自然的存在物，它的需要来自自然界，同时，人身上所潜藏的天赋能力，使人又超出存在物。人意识到自己不像动物那样同化于周围世界，而是为了建造一个完全不同的世界。[①] 这种目的成为人化自然的动因，推动人将目的作用于外部世界，使外在自然按照人自身的要求运行。引起人们实践的动机的是自然界的经济价值，它能解决人类的吃穿住行问题，能带来物质享受，这是首要的。"首先是人和自然之间的过程，

[①] 陈晏清、王南湜、李淑梅：《马克思主义哲学高级教程》，南开大学出版社，2001，第201页。

是人以自身的活动来中介、调整和控制人和自然之间的物质变换的过程。人自身作为一种自然力与自然物质相对立。为了在对自身生活有用的形式上占有自然物质,人就使他身上的自然力——臂和腿、头和手运动起来。"[1] 人类的福祉根植于自然,其价值是无法用货币来衡量的。当然,外部的自然作为自在之物,永远不会被解除自在性而走入人的活动之中,它只是有可能进入人的活动之中而成为人化自然,即便进入了人的活动之中,外部自然仍保存它自身的规律性。由于人类并不具有任何天赋观念,人类通过感官而感知外在事物,因而对于自然之物而言,它与人的关系也是在不断实践中逐渐被认知、被确定的,这是一个以实践为中介的过程。

费尔巴哈把自然的质的多样性和作为感性的客观存在的人作为客体。它没有看到目的性,而只看到外在的感性物。"自然物"是联系的,相互契合的,同时,又是与人的实践联系的,被人的实践置入"目的"之中,因而,自然物一方面是合规律的;另一方面,又是目的性的。资本通过外在物而占有工人的剩余价值。这个自然物不是表征劳动者能力的对象,而是被控制的对象,是被利用的工具,被赋予了资本家"利润至上"的目的。而它对于广大工人来说是导致痛苦的根源,是异己的力量。

第二,人与自然借助于实践工具处于联动之中。实践过程作为人类活动的一个基本样态,在实践目的的指引下,人们借助于工具作用于客观自然。在实践过程中,主体从某种实际利益出发,总是看到自然的某种有用性,而无视其他价值,主体以自身的需要去衡量外界事物,以自己的方式占有对象,而不顾对象自身的倾向。工具理性只看到经济价值,一切以有用无用来衡量。然而,自然界是系统的、整体的和有机性的,工具理性无法真正反映自然界的这些特征,相反,生态理性强调整体性,强调用政治、法治、文化等手段综合分析自然物,在保证自然系统性、有机性和整体性的情况下探讨生态权利与义务的统一,因而是可取的。

人们认识自然、实践于自然的过程也是一个不断发展的过程。"人在给自然以形式的有目的的活动中,超出了物质存在的自然发生的和抽象的直接性。"[2] 对于目的性,马克思并没有赋予世界总体意义,而是认为人通过调节

---

[1] 《马克思恩格斯文集》第 5 卷,人民出版社,2009,第 207~208 页。
[2] 〔联邦德国〕A. 施密特:《马克思的自然概念》,欧力同、吴仲昉译,商务印书馆,1988,第 69 页。

自己各种生活条件而达到的目的（有限目的）。①

类似地，自在自然也不会一次性暴露于人的眼前，自在自然本身也是一个生成过程。在生命运行过程中，自在自然也是局部地、有限地呈现其特点，而不会全部呈现出来，因此，如果以暂时的、机械性的眼光看自然之物，必然会把自然看成无生命物体的堆积。而有机论自然观看到了自然之物生命的过程，但它没有看到，人类只有在不断与客体交往实践过程中才能不断把握住生命有机体的内在联系，这一过程是辩证的过程。

第三，人与自然是一个相互影响的历史过程。马克思从"物质"的历史发展看待"物"，从"社会关系"中看待物。"物"在资本主义生产关系中成为"利润"的中介工具，失去了其有机性、整体性和系统性特征。马克思在《1844年经济学哲学手稿》中认为"被抽象地孤立地理解的、被固定为与人分离的自然界，对人说来也是无"，②他抨击了不需要人的自在存在的自然及其观念。人们进行劳动时，总是在处理具体的，并从量与质上规定的存在形态的"物质"，故马克思一开始就没有把物质视为只是一个抽象物，而是认为它是一个存在过程。"历史的运动是人与人以及人与自然的一种相互关系。"③ 劳动把人与自然，把历史性串联在一起。自然是在历史进程中改变的历史的自然，历史是对越来越多的自然物进行改造和把握的历史。农业文明时代，人们的活动局限于部落或郡县之内，而工业文明时代，人们的视野更加开阔，活动范围也超越国界，成为世界性的。人与自然的和谐统一也越来越成为世界性的课题。

而费尔巴哈的自然哲学，"没有把自然看作随着历史的变化而变化。'他没有看到，他周围的感性世界绝不是某种开天辟地以来就已存在的、始终如一的东西，……而是……历史的产物，是世世代代活动的结果。'"④ 马克思指出："历史不外是各个世代的依次交替。每一代都利用以前各代遗留下来的材料、资金和生产力；由于这个缘故，每一代一方面在完全改变了的环

---

① 〔联邦德国〕A. 施密特：《马克思的自然概念》，欧力同、吴仲昉译，商务印书馆，1988，第26页。
② 《马克思恩格斯全集》第42卷，人民出版社，1979，第178页。
③ 〔联邦德国〕A. 施密特：《马克思的自然概念》，欧力同、吴仲昉译，商务印书馆，1988，第19页。
④ 〔美〕福斯特：《马克思的生态学——唯物主义与自然》，刘仁胜、肖锋译，高等教育出版社，2006，第129页。

境下继续从事所继承的活动，另一方面又通过完全改变了的活动来变更旧的环境。"①

第四，人与自然的关系也是一种审美关系。人的实践活动是有限的活动，但实践的终极目的的无限性与实践的有限性形成一个矛盾，这种矛盾使人类以审美的形式把握世界。审美活动以抽象化的方式进行，它超越了现实，但又反作用于现实，它给人类实践提供精神动力，使人类以更高的使命感去自觉从事实践活动。诗歌、哲学等的灵感源自自然界，是宗教信仰的根源。人类除了从自然界获得物质资料外，还把自然作为自己演示技巧、获得快乐的场所，也用自然的资料制作一些艺术品等。人类通过艺术、宗教等展现出对终极目的的把握，从而克服人类个体的有限性。人类的艺术活动并非完全脱离实际，而是来源于自然，又超越自然，是人类赋无形于有形、赋无限于有限，运用思维把握整体的活动。在美的自然环境下，人们在有限束缚下对潜在崇高之美通过艺术展现出来。"弧形的峡谷地貌、美丽的提顿山脉和耧斗菜花，令人不得不承认自然的价值，但要用语言来证明这种价值是困难的。自然美的价值要求人们参与体验，获得对美的敏感，才能用很清纯的目光看得很远。"② 人类通过自然作品展示出自己的无限能力和对未来的想象。

2. 人与自然的利益和谐：马克思的"新陈代谢断裂"理论

自然界中的物质代谢推动了自然界的演进，为人与自然界进行物质、能量交换提供了原材料，为人类的生存和发展提供了物质前提。人与自然界之间的物质、能量交换借助劳动把自然形态的物质转变为满足人类生存和发展的社会财富，促进了人类社会的进步和发展。人类社会内部人与人之间的物质交换满足了人的多样性需求，推动了人类社会经济的发展，同时，物质资料的生产与再生产的过程也将废弃物和排泄物返回自然界，影响自然界中的物质代谢。这样，人和自然之间的物质交换就是人类通过劳动实现的人与自然界的物质交换、人与人之间的物质交换以及自然界中的物质代谢。整个生态系统和经济系统有机联系，形成生态经济的有机整体。③

---

① 《马克思恩格斯文集》第1卷，人民出版社，2009，第540页。
② 裴广川主编《环境伦理学》，高等教育出版社，2002，第31页。
③ 何林：《论习近平对马克思生态思想的丰富与发展》，《广西社会科学》2017年第4期。

| 环境正义：从理念到行动

1840年，李比希出版了《农业化学》一书，其最初的目的是强化资本主义农业的危机感，使农场主更加注意土壤肥力的衰竭和化学肥料的缺乏问题。但资本主义大农业商人看到了美妙前景，研制了一种农业化肥——磷酸盐。单一的肥料开始有效，但多次使用后，效果逐渐减少。1859年，李比希在《关于现代农业的通信》中指出，资本主义农业形成了破坏土地再生产状况的掠夺制度。农场主大量使用化肥的耕种方法是一种更为精致的掠夺方式。李比希还发现，农村土壤的衰竭问题与人类和动物排泄物所引起的城市污染问题联系在一起。马克思对资本主义农业的生态批判受到李比希的影响。同时，他比李比希更为高明的地方是，他提出了资本主义农业"新陈代谢断裂"理论。

马克思采用了"新陈代谢"这一概念来定义劳动过程。他认为："劳动首先是人和自然之间的过程，是人以自身的活动来中介、调整和控制人和自然之间的物质变换的过程。"① 然而，资本主义的生产关系和城乡之间的分裂，使这种物质变换过程出现了"一个无法弥补的裂缝"。②

（1）人与自然是一个物质交换过程。资本主义的生产方式破坏了土地和工人的关系。因为对土壤构成成分的掠夺，土壤需要系统性的恢复。盲目的掠夺造成了地力枯竭。资本还是不能保持土壤构成成分的循环所需要的必要条件。马克思利用新陈代谢概念来描述劳动中人和自然的关系。马克思在《1861—1863年经济学手稿》中指出，"实际劳动就是为了满足人的需要而占有自然因素，是促成人和自然间的物质变换的活动"。③

因此，马克思在两个意义上使用新陈代谢这个概念，一是指自然和社会之间通过劳动而发生的实际的相互作用；二是在广义上使用这个词汇，用来描述一系列被异化地再生产出来的复杂的、动态的、相互依赖的需求和关系，以及由此而引起的人类自由问题——所有这一切都可以被看作与人类和自然之间的新陈代谢相联系，而这种新陈代谢是通过人类具体的劳动组织形式而表现出来的。这样，新陈代谢概念既有特定的生态意义，也有广泛的社会意义。④

---

① 《马克思恩格斯选集》第2卷，人民出版社，1995，第177页。
② 〔美〕福斯特：《马克思的生态学——唯物主义与自然》，刘仁胜、肖锋译，高等教育出版社，2006，第158页。
③ 《马克思恩格斯全集》第47卷，人民出版社，1979，第39页。
④ 〔美〕福斯特：《马克思的生态学——唯物主义与自然》，刘仁胜、肖锋译，高等教育出版社，2006，第176页。

新陈代谢概念是马克思表述人与自然相互联系的重要概念,而新陈代谢的断裂就是发生在资本主义城乡之间、人与土地之间的阻隔。"这种新陈代谢,在自然方面由控制各种卷入其中的物理过程的自然法则调节,而在社会方面由控制劳动分工和财富分配等的制度化规范来调节。"① 人与自然之间的关系最终还是受社会因素的制约,"社会化的人,联合起来的生产者,将合理地调节他们和自然之间的物质变换,把它置于他们的共同控制之下,而不让它作为盲目的力量来统治自己;靠消耗最小的力量,在最无愧于和最适合于他们的人类本性的条件下来进行这种物质变量"。②

(2) 马克思对可持续性发展的重视。马克思运用了"断裂"的概念,以表达资本主义社会中人类对形成其生存基础的自然条件的物质异化。马克思对自然可持续发展的重视则从历史角度关心人与自然的和谐共生。他"从另一个角度将其定义为:'土地这个人类世世代代共同的永久的财产'是'他们不能出让的生存条件和再生产条件所进行的自觉的合理的经营'"。③ 马克思认为,土地私有财产的废除将通过"联合"而实现,"联合"一旦应用于土地,"就享有大地产在经济上的好处,并第一次实现分割的原有倾向即平等。同样,联合也通过合理的方式,而不再采用以农奴制度、领主统治和有关所有权的荒谬的神秘主义为中介的方式来恢复人与土地的温情的关系,因为土地不再是牟利的对象,而是通过自由的劳动和自由的享受,重新成为人的真正的个人财产。"④

马克思主义的生态思想的落脚点,在于"建立在经济发展基础上的历史进步的固有历史规律"。"批判理论对人(和自然)的支配和剥削表示忧虑:它断定,剥削同时是文化观念与态度和经济因素的一个结果。批判理论认为,仅有生产力的发展不能提供真正的自由,相反还可能导致人和自然的支配与异化。扩展中的工具理性价值日益主宰人类的生活世界及他们的环境,但是,批判理论关心的是以对情感、情绪和审美的关切来'重新平衡'这种

---

① 〔美〕福斯特:《马克思的生态学——唯物主义与自然》,刘仁胜、肖锋译,高等教育出版社,2006,第176~177页。
② 〔美〕福斯特:《马克思的生态学——唯物主义与自然》,刘仁胜、肖锋译,高等教育出版社,2006,第177页。
③ 〔美〕福斯特:《马克思的生态学——唯物主义与自然》,刘仁胜、肖锋译,高等教育出版社,2006,第182页。
④ 《马克思恩格斯全集》第3卷,人民出版社,2002,第263页。

理性，经济价值并非经济的、文化的价值来平衡，唯物主义以唯心主义来平衡。"①

需要特别注意的是，奥康纳注意到了马克思关于物质循环断裂的理论，他批判了生态帝国主义的行径。"自然界既无法进行自我扩张，也无法跟上资本运作的节奏和周期，其必然结局就是自然生态环境的破坏和资本各要素成本的增加。"②"资本通过更有效地使用原材料进行生产，使原材料价格下降，从而使成本下降和平均利润率上升。但原材料价格相对便宜又会带来对资源需求的加快和资本积累的增加，并导致资源的快速耗费。"③ 在农业生产中，农业资本家起初使用大量杀虫剂是为了降低成本，但是，杀虫剂的耐药性却使得成本更高，越来越对人的健康造成风险。④

（3）尊重生物的自由成长：以自然力为基础的"人与自然和谐共生"。自然力思想是马克思生产力理论的主要内容。马克思认为："外界自然条件在经济上可以分为两大类：生活资料的自然富源，例如土壤的肥力，鱼产丰富的水域等等；劳动资料的自然富源，如奔腾的瀑布、可以航行的河流、森林、金属、煤炭等等"。⑤ 在《资本论》及其手稿中，马克思将其表述为人类劳动"在无机界发现的生产力"⑥和"受自然制约的劳动生产力"⑦。"在马克思看来，使用价值是两个要素，即自然物质和创造性劳动的结合。"⑧ 劳动者在对某种物质材料进行改造时，总是通过改变材料的形态而融入自己的目的意图，"这种改变是由劳动的有目的的活动决定的"⑨。在生产过程中，加工的物质已经脱离了原来的形态，逐步采取"为人"的形式而存在。而人在生产中也只能改变物质的形态，并不能重新创造一个品种出来。"宇宙的

---

① 方世南：《马克思恩格斯的生态文明思想——基于〈马克思恩格斯文集〉的研究》，人民出版社，2017，第78页。
② 转引自解保军《生态资本主义批判》，中国环境出版社，2015，第113页。
③ 转引自解保军《生态资本主义批判》，中国环境出版社，2015，第113页。
④ 解保军：《生态资本主义批判》，中国环境出版社，2015，第116页。
⑤ 《马克思恩格斯全集》第44卷，人民出版社，2001，第586页。
⑥ 《马克思恩格斯全集》第26卷第3册，人民出版社，1974，第122页。
⑦ 《马克思恩格斯全集》第44卷，人民出版社，2001，第589页。
⑧ 〔联邦德国〕A.施密特：《马克思的自然概念》，欧力同、吴仲昉译，商务印书馆，1988，第72页。
⑨ 〔联邦德国〕A.施密特：《马克思的自然概念》，欧力同、吴仲昉译，商务印书馆，1988，第74页。

一切现象,不论是由人手创造的,还是由物理学的一般规律引起的,事实上都不是新创造,而只是物质的形式变化。结合和分离是人的智慧在分析再生产的概念时一再发现的唯一要素。"① 也就是说,生产过程是"把死的自在之物转变成为为我之物"。"物质变换以自然被人化、人被自然化为内容,其形式是被每个时代的历史所规定的。"②

任何"为人"的物质材料都离不开自然力的初创,而自然力创造出的生态产品才是真正的"初创"之物。当然,这并非否认人的创造活动,而是表明人的创造活动并非无中生有,它不能离开自然创造物。的确,"量的变化达致质的变化也才成为可能"。③ 马克思使用"物质变换"的概念,给人和自然的关系引进了全新的理解。"人的生存构成自然的一个片段,而人的活动自身则是'人的生存的自然条件',因而是自然的自身运动。"④ 只不过"动物在自己占有的对象世界中,被束缚在自己所属类的生物特性中,因而也被束缚在这世界的一定的领域中"。⑤ 而人不完全封闭在主体之中。人对自然的关系并不是完全为了满足直接的肉体需要。需要是多样性的,人也按照美的规律来塑造物体。

人与自然和谐共生是在自然力基础上的人类有目的的活动。"自然物质有自己的规律,也正因此,人的各种目的通过自然过程的中介才得到实现。这时,这些目的的内容不仅受到历史的、社会的制约,也同样受到物质自身结构的制约。内在于物质中的各种可能性能否实现,或能在多大程度上实现,这当然是总归依物质的、科学的生产力的状况如何而定。但物质的结构并不是一成不变的。……正如马克思所说,人若想在任何历史条件下生

---

① 〔联邦德国〕A. 施密特:《马克思的自然概念》,欧力同、吴仲昉译,商务印书馆,1988,第 76 页。
② 〔联邦德国〕A. 施密特:《马克思的自然概念》,欧力同、吴仲昉译,商务印书馆,1988,第 76~77 页。
③ 〔联邦德国〕A. 施密特:《马克思的自然概念》,欧力同、吴仲昉译,商务印书馆,1988,第 77~78 页。
④ 〔联邦德国〕A. 施密特:《马克思的自然概念》,欧力同、吴仲昉译,商务印书馆,1988,第 79 页。
⑤ 〔联邦德国〕A. 施密特:《马克思的自然概念》,欧力同、吴仲昉译,商务印书馆,1988,第 80 页。

活,面对不可废弃的物的世界,必须使之成为为我之物,以为生存之需。"①一方面,要遵循物的规律;另一方面又要考虑人的目的。只有在遵循物的规律基础上,人的目的才能最大限度地实现,如物理化学等学科都研究物的规律以便更好地满足人的需要。而自然创造之物,则是已经构建好结构、生成好联系的,经过上亿年的进化和适应过程,没有哪一个生物是多余的,没有哪一个要素是不合适的,各物种之间、各要素之间环环相扣,生物链条之间紧紧相连。

"所谓劳动是诸事物之间的一个过程,这是哲学的唯物主义为经济学分析所设的前提。……他在另一个地方把劳动力特别说成'首先是已转化为人的机体的自然物质',劳动不过是劳动力本身、纯粹自然力的表现,总的表明它们是劳动中所不能消灭的基质。"② 商品作为资产阶级社会的"细胞",自身里包含着作为"自在存在"以及"为他存在"的自然。然而,体现在商品中的自然基质部分并没有得到彰显,反而被交换价值所遮蔽。"商品的交换价值也完全不包含任何自然物质在内,交换价值与商品的自然性质无关,它体现人的一般劳动,由所花费的劳动时间来计量,因而消灭掉一切自然规定性。"③

被人加工过的自然物质,并没有改变感性世界的要素。它们作为生产资料进入劳动过程。而资本家却把"物"的交换价值抬高到"神"的地位。交换价值同物理性质或物的关系无太大关系,资本家关心的是如何实现商品的价值,而非其使用价值。"由于劳动产品成为商品,已经不体现人与自然的生动的交换,而作为死的物质实在出现,人的生活也就作为宛若受盲目命运支配的客观必然性出现。"④

(4) 公平分享:人类共建共享全球生态利益。环境是人类共同拥有的,环境福祉也应归人类所共有。然而,在生产资料私人所有制下,人们享有环

---

① 〔联邦德国〕A. 施密特:《马克思的自然概念》,欧力同、吴仲昉译,商务印书馆,1988,第59页。
② 〔联邦德国〕A. 施密特:《马克思的自然概念》,欧力同、吴仲昉译,商务印书馆,1988,第61~62页。
③ 〔联邦德国〕A. 施密特:《马克思的自然概念》,欧力同、吴仲昉译,商务印书馆,1988,第61~62页。
④ 〔联邦德国〕A. 施密特:《马克思的自然概念》,欧力同、吴仲昉译,商务印书馆,1988,第65页。

境利益的机会与份额并不相同。"在马克思整个的学术生涯当中,他都始终坚持:在无产阶级被剥夺了空气、清洁和真正的物质谋生手段的同时,资本主义制度下的农村农民则被剥夺了与世界文明以及更大的社会交往世界的所有联系。一部分被剥削的人口已经进入了社会交往世界(作为城市存在的一部分),但是却缺少身体健康和福利;另一部分往往拥有身体健康和福利(因为接触清新的空气等),但是却缺少与世界文明的联系。"[1] 这种存在于城乡之间的生态福祉差异也同样适用于富人与穷人之间、发达国家与发展中国家之间、不同地区之间。

"人们之间的物质联系总是存在的,这种联系是由需要和生产方式决定的,它的历史和人的历史一样长久……劳动过程……是制造使用价值的有目的的活动,是为了人类的需要而占有自然物,是人和自然之间的物质变换的一般条件,是人类生活的永恒的自然条件,因此,它不以人类生活的任何形式为转移,倒不如说,它是人类生活的一切社会形式所共有的。"[2] 正是私有制的占有才导致生产资料、自然资源不再为所有人服务,而是为少数人服务。"自然被人的目的降低为单纯物质而对人进行报复。"[3] 这些强大的物质主宰着人与人、人与自然的交换关系。人与人之间彼此离开,而成为一个孤立的所谓"自由"的人。意识形态学家所谓的自由个人,不完全存在,因为条件还没有达到,精神素质也没有达到,"出发点不是自由的社会的个人"。[4]

社会正义既要自由的个人,也要相互联系的社会,需要各种关系协调一致。社会是个人的发展,是作为整体的系统而出现的,个人在其中既是独立的,又是相互联系的。个人的幸福并不是建立在对自然资源的无限占有上的,只有社会组织保障了所有人的福祉才能保证每个人的幸福。"社会的平等不意味着什么都要同等对待,而意味着各个人的愿望的多样性与本能的目标具有历史可变性。""保证他们的体力与智力获得充分的自由的发展

---

[1] 〔美〕福斯特:《马克思的生态学——唯物主义与自然》,刘仁胜、肖锋译,高等教育出版社,2006,第152页。
[2] 〔联邦德国〕A. 施密特:《马克思的自然概念》,欧力同、吴仲昉译,商务印书馆,1988,第146页。
[3] 〔联邦德国〕A. 施密特:《马克思的自然概念》,欧力同、吴仲昉译,商务印书馆,1988,第149页。
[4] 〔联邦德国〕A. 施密特:《马克思的自然概念》,欧力同、吴仲昉译,商务印书馆,1988,第157页。

和运用"。① 他们的社会关系作为他们自己的共同的关系,也是受他们自己的共同性控制的,它不是自然的产物,而是历史的产物。"社会化的人,联合起来的生产者,将合理地调节他们和自然之间的物质变换,把它置于他们的共同控制之下,而不让它作为盲目的力量来统治自己;靠消耗最少的力量,在最无愧于和最适合于他们的人类本性的条件下来进行这种物质变换。但是这不管怎样,这个领域始终是一个必然王国。……这个自由王国只有建立在必然王国的基础上,才能繁荣起来。"②

在将来,私有财产将被消灭,城乡对立将被消除,国家政治将被自我管理的共同体所替代,未来社会将是人的解放与自然的解放的统一。"社会是人同自然界的完成了的本质的统一,是自然界的真正复活,是人的实现了的自然主义和自然界的实现了的人道主义"。③ 真正的社会公正必将是物质生产、精神价值与自然权利相一致的社会。

马克思环境正义立足于现实生活本身,从社会组织方式和生产方式角度分析环境问题的形成根源。"在马克思看来,环境问题不是自然灾害引发的,而是与某些历史时期的生产方式相联系的。资本主义对自然资源的过分开发,导致了生态危机。解决环境问题需要有一个完整的、有效的生产方式,实现人与自然的和谐。"从理论逻辑上来考量,"马克思思考环境问题的出发点在于实现人与自然的和谐统一,是对资本主义生产破坏自然环境的反思。强调人们要尊重自然,顺应自然,利用自然"。马克思用辩证唯物主义理解自然,从系统的角度阐述自然规律。"马克思生态正义观是在对人与自然环境矛盾的深刻认识基础上形成的,是一种全局性、历史性的观点。"④ 生态正义需要建立一种生态友好、经济公正的制度框架,涉及对现有经济体制的变革,对政策制定的参与,涉及资源分配、生态文化认同等。

在资本主义社会,由于资本对利润的无限制追求,有限的资源必然无法满足无限欲望的要求,如果不限制资本的无序扩展本性,生态危机必然会爆

---

① 〔联邦德国〕A. 施密特:《马克思的自然概念》,欧力同、吴仲昉译,商务印书馆,1988,第163~164页。
② 〔美〕福斯特:《马克思的生态学——唯物主义与自然》,刘仁胜、肖锋译,高等教育出版社,2006,第145页。
③ 《马克思恩格斯文集》第1卷,人民出版社,2009,第187页。
④ 孙全胜:《马克思生态正义思想的三重维度》,《理论视野》2003年第7期。

发。"联合起来的生产者,将合理地调节他们和自然之间的物质变换,把它置于他们的共同控制之下,而不让它作为盲目的力量来统治自己",① 掠夺自然资源、牺牲环境利益的经济增长必将导致严重的生态危机。只有基于系统、有机、整体之上的增长,才能形成人、自然、社会有机联系的统一体。这不仅关涉所有人的生活质量,还影响非人类动物和生态系统的生存。"在有机马克思主义看来,只有这种不断缩小贫富差距、关注阶级平等、充分顾及保护生态环境的'为了共同体'的自由才是实现共同福祉的真正自由。"②

第二节 习近平生态文明思想

党的十八大以来,中国共产党人把生态文明建设提升到前所未有的历史高度。怎样的生态发展有利于所有人?从实践向度来说,新时代应该如何扩展正义的生态维度?如何使生态利益让大众共享?从理论上来看,追求人与自然共荣共生理念,超越了传统人类中心主义的价值视野,实现人与自然、人与人之间的和谐,昭示着马克思主义生态思想的新发展。习近平生态文明思想重视生态系统的整体性与互动性,摒弃了处理环境问题的非此即彼的思维方式,引领我们走向生态文明新时代。

让老百姓呼吸上新鲜的空气,喝上干净的水,吃上放心的食物,生活在宜居的环境中,这些都体现了生态正义思想。党的十八大以来,习近平总书记提出一系列新理念新思想新战略,形成了习近平生态文明思想。

(一) 以人民为中心的绿色生态观

党中央一直关注和重视人民的生态诉求,着力解决损害百姓健康的环境问题,"环境就是民生,青山就是美丽,蓝天也是幸福"③。生态文明建设已经成为民意所在和民心所向的大事,人民群众对美好生活的向往就是党的奋斗目标,必须把生态文明建设放到更加突出的位置。以人民为中心,并不是

---

① 《马克思恩格斯全集》第25卷,人民出版社,1974,第926~927页。
② 于爽:《有机马克思主义的"生态正义"理念——基于自由、人权、民主、正义相关理论》,《理论观察》2017年第9期。
③ 《习近平著作选读》第1卷,人民出版社,2023,第434页。

不要自然，而是在生命共同体中，着力在环境保护上下功夫，为人民群众创造良好的生产和生活环境，努力为广大人民群众保护好空气、水源，提供安全的食品和良好的生活环境。爱护自然是实现人民美好向往生活的基础和前提。安全的食品、新鲜的空气和洁净的水源等，这些都是在保护好环境的前提下才能拥有的。良好的生态环境既是保证人民群众身心健康的重要前提，也是衡量人民群众生活质量的重要指标。要以对人民群众高度负责的态度，下定决心努力治理好环境污染，建设好生态环境，"努力走向社会主义生态文明新时代，为人民创造良好生产生活环境"①。

不仅当代人要过上美好生活，还要给下一代人留下美丽的生态环境，维护好当代和未来的共同利益。习近平总书记强调："资源开发利用既要支撑当代人过上幸福生活，也要为子孙后代留下生存根基。"② "要给子孙后代留下天蓝、地绿、水净的美好家园"。③

一切为了人民，一切也要依靠人民。由于不平衡、不充分的发展，人们物质利益也呈现差异性。身居边远山区和流域上游的人们守护着生态系统，为当地的生态环境作出贡献。在生态文明建设中，应支持为环境保护作出贡献的人。"我们应如何激励那些致力于生物多样性保护的人，换句话说，如何让他们的付出获得应有的回报？"④ 这需要妥善处理好局部利益与整体利益、个人利益与集体利益的关系，对生态贡献者进行相应的利益补偿。应制定生态补偿标准、筹集补偿资金，尽可能宽领域地开展生态补偿。

中国共产党高度重视生态文明建设。党的十八大以来，习近平总书记针对我国生态文明建设所面临的一系列复杂难题，在总结以往生态实践经验的基础上提出了一系列新理念新思想新战略，将中国特色社会主义总体布局由原来的"四位一体"提升为"五位一体"，并强调将生态文明建设融入经济、政治、文化、社会建设的各方面与全过程。党的十九大报告进一步指出要推动形成人与自然和谐发展的现代化建设新格局。这既是实现人与自然和

---

① 《习近平谈治国理政》，外文出版社，2014，第208页。
② 《习近平著作选读》第1卷，人民出版社，2023，第611页。
③ 《习近平著作选读》第2卷，人民出版社，2023，第404页。
④ 〔美〕杰弗里·希尔：《生态价值链——在自然与市场中建构》，胡颖廉译，中信出版集团，2016，第119期。

谐共生、推进绿色发展的必然选择，也是我们党在生态文明建设中赋予执政理念以新的时代内容、新的发展思路和新的价值取向的现实逻辑，是党在生态执政理念上的升华。

（二）保护自然力的绿色发展观

绿色发展首先要保护生态，要让自然力得以保育与生长。何谓"自然力"？自然力就是自然界固有的自然生命力，它蕴含于万物之中，"自然力是一种不需要任何劳动，不需要花费一定的费用而产生并能在生产过程中带来额外收益的自然的生产要素"。[①] 人们往往认为，自然资源没有劳动者付出的劳动，因此它就没有价值。在这种思想下，人们肆意破坏环境，到处掠夺资源，自然力受到严重破坏，有的地方生态能力甚至难以维系当地人的生存，人们只得搬离这个地方，另觅栖身之地。

保护自然力，使自然能够在一定条件下持续不断地提供生态产品，也成为人与自然和谐共生的关键。唯物主义辩证法告诉人们，人与自然是相互依赖、紧密联系的，人不能离开自然，对自然的破坏必将影响到人类自身的生存。然而，人们为了实现经济价值，忽视了生态本身的价值，忽视自然生命力。在利润的追求中，资本占有更多的自然资源。而资本对自然的干预方式是一种分解方式，即自然被分割为不同的部分，被分别用在不同的地方，发挥不同的功能。生命逻辑被资本逻辑所替代，自然系统性、有机性和整体性被抛弃于一边。自然系统内部各要素、各区域结合成一个整体，其各要素、各区域的能量分布和物质交换也有其规律性，而资本破坏其内在联系性，使自然丧失有机性，自然物质成为被资本所重新审视过的无生命物质材料的仓库，随时可以取舍，随时拿来利用。资本不尊重自然本身的规律，这势必影响到生态环境的安全与人类自身的健康。

因此，反对机械地对待自然，保护自然生命力，尊重自然系统中的结构与要素之间的联系，保护自然生命力的功能，使自然力能够在一定范围内和一定条件下按规律生长，这是人与自然和谐的基础。习近平总书记指出："纵观世界发展史，保护生态环境就是保护生产力，改善生态环境就是发展

[①] 方世南：《马克思恩格斯的生态文明思想——基于〈马克思恩格斯文集〉的研究》，人民出版社，2017，第246页。

生产力。"① 这从根本上为推进生态文明建设提供了遵循，为保护生态提供了依据。习近平总书记指明了人与自然和谐共生的前景。

保护自然力，就要保护生物的多样性。习近平总书记高度重视生物多样性，他在《湿地公约》第十四届缔约方大会开幕式上指出，要"加强原真性和完整性保护"，"保护生物多样性"。② 在《生物多样性公约》第十五次缔约方大会第二阶段高级别会议开幕式上，他指出："万物并育而不相害，道并行而不相悖。""我们要凝聚生物多样性保护全球共识，共同推动制定'2020年后全球生物多样性框架'，为全球生物多样性保护设定目标、明确路径。""我们要推进生物多样性保护全球进程，将雄心转化为行动"，"要维护公平合理的生物多样性保护全球秩序"，"形成保护地球家园的强大合力"。③

（三）"绿水青山就是金山银山"的绿色生产观

保护自然力并非不要发展，而是强调在保护中发展，在发展中保护。早在2005年8月15日，习近平同志在安吉余村考察时就提出"两山论"。④ "两山论"强调了经济发展和环境保护的对立统一，指出经济发展必须在尊重自然生命力的基础上进行，绿水青山就是经济发展的源泉与动力。"绿水青山"具有生态价值，保护自然就是增殖自然价值和自然资本，以孕育其经济价值。那么，如何才能做到绿色发展？重要的是寻找好的路径和方法，充分把生态价值转变为经济价值，让生态价值充分发挥出来。为此，使用合理的组织方式、绿色的生产方式成为重要任务。我们要坚持保护好"绿水青山"，给自然留下休养生息的时间和空间；将生态要素进行组合与创新，坚持向绿色生态要市场，重点发展生态工业、生态农业和生态服务业，从而形成合理的产业结构，实现可持续发展；要合理消费生态产品，反对奢侈性消

---

① 中共中央文献研究室编《习近平关于社会主义生态文明建设论述摘编》，中央文献出版社，2017，第4页。
② 习近平：《珍爱湿地 守护未来 推进湿地保护全球行动——在〈湿地公约〉第十四届缔约方大会开幕式上的致辞》，《人民日报》2022年11月6日，第2版。
③ 习近平：《在〈生物多样性公约〉第十五次缔约方大会第二阶段高级别会议开幕式上的致辞》，《人民日报》2022年12月15日，第2版。
④ 《人民网评：两山论，创造绿富同兴的中国叙事》，https://opinion.people.com.cn/GB/n1/2020/0815/c223228-31823458.html，最后访问日期：2024年8月15日。

费，形成良好的节俭习惯，塑造出绿色化生活方式；等等。

绿色生产就是把生态要素融入经济发展之中，做好生态产业，"关键是要树立正确的发展思路，因地制宜选择好发展产业"，① 践行绿色发展方式和生活方式，"保住绿水青山要抓源头，形成内生动力机制"。② 绿色、低碳、循环发展成为我国绿色发展理念的核心内容。所谓"绿色"，就是强调在遵循自然规律基础上进行发展，发展与保护相协调，自然与社会发展相协调，其本质是用少的代价发展经济。所谓"低碳"，就是用少的碳排放强度发展经济，其本质就是提高能源利用效率，发展新能源，发展碳汇林业等。所谓"循环"，就是提高资源的综合利用效率，其本质是用少的资源消耗支持经济社会的可持续发展。三者目标一致，都是为了改变传统工业高耗能、高风险、不可持续的发展模式。但三者各有侧重点，"绿色"强调环境保护与生态建设，"循环"强调资源综合利用和节约，"低碳"强调新能源开发利用与效率。三者要求我们既要保护生态，也要创新发展手段，要打破旧的二元对立思维定式，坚持在减少碳排放、使用清洁能源、提高效益、降低成本等方面走出一条新的绿色道路。③

（四）生产生活生态"三生"同存的和谐共存观

绿色化生产不仅是绿色经济或经济发展，还与绿色社会、绿色文化等密切联系。习近平总书记强调："经济上去了，老百姓的幸福感大打折扣，甚至强烈的不满情绪上来了，那是什么形势？"④ 不能仅仅把生态文明当作经济问题，还要作为社会问题来建设。绿色发展不仅与制度有关，还与体制有关。要实现从"绿色发展"理念到具体举措的大转变，将绿色内嵌于社会发展的全过程，内嵌于社会管理、社会生产和社会生活的每一个环节，其中绿色生产、绿色经济是绿色发展的核心内容。"保护生态环境必须依靠制度、

---

① 中共中央文献研究室编《习近平关于社会主义生态文明建设论述摘编》，中央文献出版社，2017，第23页。
② 中共中央文献研究室编《习近平关于社会主义生态文明建设论述摘编》，中央文献出版社，2017，第31页。
③ 虞新胜：《习近平绿色发展思想在江西的实践研究》，《东华理工大学学报》（社会科学版），2019年第4期。
④ 中共中央文献研究室编《习近平关于社会主义生态文明建设论述摘编》，中央文献出版社，2017，第5页。

依靠法治。只有实行最严格的制度、最严密的法治,才能为生态文明建设提供可靠保障。"①

习近平生态文明思想将自然生态的整体性与系统性理论以凝练的语言表达出来。"我们要认识到,山水林田湖是一个生命共同体,人的命脉在田,田的命脉在水,水的命脉在山,山的命脉在土,土的命脉在树。"② 这一重要论述蕴含了保护生态的长远思维、注重大局的全局思维、系统协调的整体思维,形象地阐明了自然生态系统各要素间相互依存、相互影响的内在联系与发展规律,深刻地揭示出自然生态系统各要素都是作为生命共同体的一个重要环节而存在、发展。"如果种树的只管种树、治水的只管治水、护田的单纯护田,很容易顾此失彼,最终造成生态的系统性破坏"。③ 因而,生态修复和环境保护工程必然要在尊重生命共同体的内在联系与发展规律的基础上,从系统性思维、整体性视角着手,统筹山水林田湖草等生态要素,将种树的、治水的、护田的和种草的各路力量有机地融合起来,这也是推进生态文明建设的必然要求。

中国共产党在生态实践中推动着生态文明理念的不断演进,生态文明方面的理论观点也从分散走向系统,由酝酿走向成熟,这一转变有其内在的演进逻辑。习近平总书记指出,要"全方位、全地域、全过程开展生态环境保护建设"。④ 这充分表明了党中央是以系统性思维、整体性视角来开展和推进生态环境保护的。

(五) 用最严格的制度保护生态环境的生态法治观

生态制度是制度中的一种类型,主要调整人与自然关系,规范人们对待自然的行为方式,以更好地维护人与自然和谐共生的局面。保障人民共享生态成果,让人民共享生态利益,这是社会主义生态制度的内容之一。这种制度对自然资源保护和治理进行统一规范,契合自然环境的整体性、系统性特征要求,符合自然规律。在处理人与自然的整体性、共享性和流动性关系

---

① 中共中央文献研究室编《习近平关于社会主义生态文明建设论述摘编》,中央文献出版社,2017,第99页。
② 《习近平关于全面建成小康社会论述摘编》,中央文献出版社,2016,第172页。
③ 《习近平著作选读》第1卷,人民出版社,2023,第174页。
④ 《习近平著作选读》第1卷,人民出版社,2023,第609页。

中，生产资料公有制明显优越于生产资料私有制。在私有制下，自然资源的占有者往往只看到其经济价值，而忽视了其生态功能。在公有制下，人们不仅看到经济价值，也看到生命价值、文化价值、生态价值等，能正确处理好短期利益与长远利益、局部利益与整体利益的关系。"作为引领生态文明建设最深层的价值观念，生态正义以'生态系统'的整体性与互动性为基础，为人和自然之间的整体联动与共生和谐寻找合理性依据，同时也为遏制和消除生态危机提供有效性对策，构成维护人类社会整体利益的根本价值遵循。"①

围绕生态环境，我国在制度安排方面，主要有以下几点。

（1）在生态保护方面，从产权制度安排和制度规范上做好生态系统性、整体性和有机性保护。发展经济仅仅是一种手段，而不是人类的目的。发展经济的目的包括使人民身心健康、生活幸福和生活水平提高，因而，生态环境不仅具有"最大民生"的价值，还具有"发展基础和条件"的价值，更具有推动生产力发展的价值。②

通过制度规范将生态保护落实到人们的行为中。要明晰产权主体及其关系，激励产权主体高效率利用和有效保护资产。习近平总书记指出："我国生态环境保护中存在的一些突出问题，一定程度上与体制不健全有关，原因之一是全民所有自然资源资产的所有权人不到位，所有权人权益不落实。"③我国正在建立统一的确权登记系统，建立自然资源统一确权登记制度，推动建立归属清晰、权责明确、监管有效的自然资源资产产权制度，为统一管理自然资源、实现生态产品价值转化等提供了制度依据。生态保护同样需要科学编制国土空间规划，通过制度保护动植物等生命体成长的空间和生境。要树立空间均衡理念，把握人口、经济、资源环境的平衡点，防止人类对生物栖息地的侵扰，推动人与自然和谐发展。

（2）在绿色发展方面，制定支持绿色产业发展的制度，为绿水青山转变为金山银山提供条件。有效破解经济增长和环境保护的难题，推动经济社会可持续发展，需要绿色的产业制度。要把"生态+"的理念融入产业制度体

---

① 王岩：《生态正义的中国意涵与逻辑进路》，《哲学研究》2022年第5期。
② 徐水华、陈璇：《习近平生态思想的多维解读》，《求实》2014年第11期。
③ 中共中央文献研究室编《习近平关于社会主义生态文明建设论述摘编》，中央文献出版社，2017，第102页。

系构建中，构建绿色产业发展制度。农业部门要依据农业产业结构，结合自然资源禀赋，紧紧围绕优势特色产业，大力推行各种生态农业模式，出台绿色有机农产品示范基地创建、绿色生态农业发展等政策。在新型工业发展方面，制定财税政策支持发展具有能耗小、污染小、动能高、成本小等特点的新型工业，建立有利于产业转型升级的体制机制，制定优惠产业政策。在清洁能源领域，推动风能、太阳能等可再生能源的开发和利用，开展节能减排、资源循环利用等方面的技术创新和应用，推动循环经济的发展。在管理制度方面，强化生态环境准入、执法、考核、监督的制度体系建设，让绿水青山更快更好地转化为金山银山。

（3）在市场机制方面，打通绿水青山转化为金山银山的渠道，为保护生态环境提供平台。市场具有降低成本、加快沟通等优势，培育市场主体，解决好运营模式，有利于解决无人管理或治理低效等问题。国家应探索建立生态产品价值核算的市场应用机制，将核算结果作为市场交易、经营开发、绿色金融、生态保护补偿、环境损害赔偿、自然资源有偿使用等方面的重要参考。要发挥市场机制的作用，推动生态资源权益交易，包括合法合规开展森林覆盖率等资源权益指标交易，积极推进碳排放权交易机制；探索排污权有偿使用和交易制度，开展排污权的有偿使用和交易；推动工业环境治理市场机制建设，推进节能调度和电能替代，加快清洁能源替代市场建设；等等。鼓励企业和个人依法依规开展水权和林权等使用权抵押，扩大抵、质押品范围，推广能效融资、碳融资、排污权融资等融资产品，综合运用中长期贷款、债券投资等方式，支持绿色产业发展。激发市场主体的积极性，增加生态产品市场供给。政府作为公共服务的提供者，应完善以购买服务为主的公益林管护机制，发展森林经营碳汇项目，鼓励企业和社会公众参与碳汇项目造林；推进水权交易制度构建，推动水资源使用确权登记、水权市场管理规范、水权价格形成机制、用能权交易制度等的建设；大力推广高效节能低碳技术和产品，推动节水市场建设；等等。

（4）在生态利益共享方面，发挥社会主义制度优越性，让更多的人享受生态福祉。在生态利益共享制度方面，政府应支持龙头企业打造生态品牌，通过"企业+农户"等形式，推进品牌标准化生产。结合不同区域（流域）的生态禀赋，进行区域绿色发展协作，在生态保护、资源共享、数字技术创新和数字经济发展等方面深度合作。探索村民入股分红模式，推进集体产权股权化改革，加大对生态旅游、森林康养、避暑疗养、温泉养生等产业的支持力度。建立以绿色生态为导向的农业补贴制度，建立跨地区的生态补偿机制，构建生态产品生态资料引导激励机制。探索建立优质生态环境资源共享机制，推动有条件的城市近郊风景名胜区等逐步免费向公众开放。①

第三节 西方环境正义的理论

围绕着人与自然的关系，西方环境伦理学流派大致分为人类中心主义和非人类中心主义。人类中心主义认为，只有人才是自在价值的拥有者，而其他的非人存在者之所以有价值，是因为它对人类有用而被人赋予了价值。A. 诺顿根据自然价值是满足人类"感觉的偏好"还是满足人类"审慎的偏好"，将分别持有这两种观点的人划分为"强人类中心主义"和"弱人类中心主义"两派。"强人类中心主义"只强调对人的"感觉的偏好"的满足，而不关心这种需要是理性的还是感性的，也不关心非人类存在者对人的价值观的转化作用。而"弱人类中心主义"更加强调人的理性偏好及其对不合理感性偏好的限制，从而限制人们对自然的过度消耗。此外，"弱人类中心主义"还强调转化价值，非人类存在者能够启发人们转换和提升自己的价值观和生活方式。②

非人类中心主义则主张除了人具有自在价值之外，许多非人存在物如动物、植物乃至整个生态系统也具有自在价值，人们不能仅把它们视为满足人的需要的工具。非人类中心主义主要代表人物有辛格、雷根、泰勒、罗尔斯顿等。他们分别提出或发展了动物解放论、动物权利论、生态中心论等理论主张。辛格从功利主义观点出发，认为动物和人一样，也有感受苦乐的能力，因此他主张将动物和人一样从不平等的奴役中解放出来，动物应该成为利益的主体。而雷根则从康德的道义论出发，认为动物也拥有作为生命主体的特征，也就拥有我们尊重的天赋价值，因此他提出"动物拥有权利"。罗尔斯顿进一步发展了利奥波德的大地伦理学，认为价值是进化的生态系统内

---

① 虞新胜、廖运生：《社会主义生态制度：人民性与科学性相统一》，《广西社会科学》2021年第10期。
② 周国文主编《西方生态伦理学》，中国林业出版社，2017，第130~131页。

在的那种创造性属性，它客观地存在于自然中，因此，他试图通过确立生态系统的客观内在价值，为保护生态系统提供一个客观的道德依据。"我们应当对这个设计与保护、再造与改变着生物共同体的所有成员的生态系统负有义务。"①

（一）敬畏生命：尊重自然的生存权与道德权利

生物链的形成是历史过程。地球已有45亿年的历史，在地球演化过程中，生物圈有着自己的发生、发展规律。生命的诞生经历了极其漫长的过程，从原始大气的无机物成分到形成有机物，再到原始生命诞生，经历了长达几亿年的时间。地球上的生命，都是自然界长期进化的产物，罗尔斯顿认为："生命是大自然长期进化的产物，是地球劳作35亿年后取得的成就。"②生态中心主义的泰勒也认为："所有的生物都有平等的天赋价值，平等的天赋价值是所有生命体获得与人一样道德关怀的前提。"③ 每一个物种都有其功能，每一个物种都被安排得恰到好处，具有不可替代的作用，在自然循环系统中发挥着独特的功能。科学研究表明，人同自然界其他生命一样，都是单细胞生物进化而来，有着几乎相同的细胞结构。分子生物学更是证明，人和所有的有机生命体的DNA中的碱基也是相同的，只是因为排列顺序不一样才组成千千万万、特色各异的生命。所有生命的关系是相互依赖、相互促进的关系，不存在一个物种对另一个主宰和统治的问题。④ 每一个生命体都是数十亿年生物进化的结果，因此，都应该得到平等尊重。

施韦兹在《敬畏生命：50年来的基本论述》一书中认为："只有当人认为所有生命，包括人的生命和一切生物的生命都是神圣的时候，他才是道德的。"⑤ 古代人类就以一种敬畏的、关注的和审视的眼光看待自然，把自然类比于自身的有机体，表达出了与自然强烈的同一性体验。动物崇拜至今仍然存在于一些宗教仪式或边远地区人们的行为习惯中。利奥波德的"大地伦理"把包括山川、岩石、土地等无机界在内的整个自然界都纳入了道德共同

---

① 转引自周国文主编《西方生态伦理学》，中国林业出版社，2017，第5~6页。
② 转引自裴广川主编《环境伦理学》，高等教育出版社，2002，第119页。
③ 转引自裴广川主编《环境伦理学》，高等教育出版社，2002，第119页。
④ 裴广川主编《环境伦理学》，高等教育出版社，2002，第114页。
⑤ 转引自裴广川主编《环境伦理学》，高等教育出版社，2002，第85页。

体的范围。在这里,人类不再是大地的支配者,而只是大地这一生命共同体中普通的、平等的一员,人与自然一律平等。利奥波德把伦理关系扩大到自然,赋予自然应有的道德地位。人不再是唯一尺度,自然不再以人的利益为出发点和归宿。相反,人类应当承担起对土壤、水、动植物以及生命共同体的责任和义务。在个体与生命共同体的关系上,利奥波德认为,整体的价值高于个体的价值,生命共同体成员的价值要服从生命共同体本身的价值。①

大地是一个生命共同体,共同体的每一个成员都有持续存在下去的权利,人类应该尊重这种权利。"生命"是一切生物体神圣的权利,这里包括人类、动物和植物在内的一切生命现象。自然作为一个自发过程,不断产生着生命。人类要敬畏生命。人要在力所能及的范围内,帮助、拯救其他生命,这是人的神圣使命。

尊重自然生命的生存权,对人而言就是一种义务。由于自然生命体没有主观能动性,没有主体意识,因此不会主张权利,但是所有生命都有"生存本能和本能意识"和不断生长的"生存意志"。所有的生命体都有自我实现的能力,是"扩展的自我"。自我实现不只是某个个体的自我完成,同时也是所有事物的潜能的实现,对此奈斯以"最大化共生""最大化多样性""生存并让他人生存"来形容。从整个生态系统的稳定与发展来看,一切生命形式都有其内在的目的性,它们在生态系统中具有平等的地位,都有"生存和繁荣的平等权利"②。

利奥波德指出,大地是生命共同体,人的道德规范要从调节人与人之间和人与社会之间的关系扩展到调节人与大地(自然界)的关系。利奥波德立足于自然生态思维,否定了道德生活中人和自然的区分和对立,从道德角度审视人与自然的关系,承认每一个共同体成员的权利,促使人们重新思考人类与动植物之间的关系,这具有重要意义。

大地伦理学的宗旨是要"扩展道德共同体的界线,使之包括土壤、水、植物和动物,或由它们组成的整体:大地",并把"人的角色从大地共同体的征服者改变成大地共同体的普遍成员与普通共同体本身"。共同体成员因长期生活在一起而形成了情感和休戚与共的"命运意识"。③

---

① 转引自周国文主编《西方生态伦理学》,中国林业出版社,2017,第101页。
② 周国文主编《西方生态伦理学》,中国林业出版社,2017,第147~148页。
③ 周国文主编《西方生态伦理学》,中国林业出版社,2017,第100页。

自然的生存权不仅包括生命的成长权利，还有维持生命权的环境权利。地球不仅创造了生命体，而且为这些生命体提供了适宜的气候、温度、湿度等环境。破坏了这一环境，就无异于扼杀生命。自然界生物链是完整的，具有光合作用的生物，通过释放氧，使原始大气中出现了游离氧，为人类提供了生存条件。现今，植物的光合作用不仅提供了氧气，而且控制和调节着大气中的二氧化碳浓度，离开了光合作用，人类断然不能生存。人类有义务维护这一循环系统的正常进行，有义务保护这样的生态环境，让这些地球上的生命在适宜的环境下自由成长。然而，人类在不断地消耗物质时，没有反哺自然，而把自然作为征服和改造对象，支配自然，使自然成为对象物，任意破坏和污染环境，破坏循环系统，这不是对生命的敬畏。中国古代就有春天"斧斤不入山林"的传统，反对涸泽而渔，充分说明了古代人对非人类生命体的敬畏。

美国学者雷根从康德的道义论出发，认为"动物拥有权利"。因为动物也拥有作为生命主体的特征，因此也就拥有天赋价值。"人应当像敬畏他自己的生命那样敬畏所有拥有生存意志的生命。只有当一个人把植物和动物的生命看得与他的同胞的生命同样重要的时候，他才是一个真正有道德的人。"[①] 而泰勒秉承史怀泽的"敬畏生命"伦理主张，将道德关怀的范围扩大到所有生命，认为任何动物植物都有保持其自身存在的取向，它们通过自我更新、自我繁殖和自我调控等手段，不断适应变化着的环境。从这个意义上来说，所有有机体都是其自身"善"的存在物，道德义务应该扩展到自然，因而自然动物也都有其天赋价值。[②]

（二）善待自然：人类的自然义务与自我义务

一切生物，包括动物和植物，都应该受到保护。如何阐释人类对其他非人类生命承担的自然义务？雷根将"生命主体"确立为内在价值的基础。也就是说，那些不具有理性能力的自然存在物也具有与人一样的价值或权利。

现代道德哲学普遍认为，人与人在道德上是平等的，因为人是有理性的，能区分善与恶，具有道德权利并能承担道德义务。但人与非人的动物在

[①] 转引自裴广川主编《环境伦理学》，高等教育出版社，2002，第32页。
[②] 参见周国文主编《西方生态伦理学》，中国林业出版社，2017，第5~6页。

道德上不是平等的，因为动物没有道德，它们不能区分善与恶，也不能承担道德义务。辛格认为，这是偏见，人们应当把平等扩大到动物界，理由是，动物与人一样，具有感受苦乐的能力，生命感到痛苦，道德上便没有理由拒绝考虑这个痛苦。就是说，唯有感受性的界限才是关怀他者利益的合理正当的界限。① 如果人类利益与动物利益之间发生冲突，该怎么办？辛格认为，应该考虑两个方面的因素：一是发生冲突的利益的重要程度是基本的还是非基本的；二是利益冲突各方的心理复杂程度。基于这两个因素的种际正义原则是，一个动物的基本利益优先于另一个动物的非基本利益，心理较为复杂的动物的利益优先于心理较为简单的动物的类似利益。②

而保罗·泰勒将动物权利的保护扩展到植物等，主张尊重自然的生物中心论。泰勒试图从义务论的角度建立一种以尊重自然为核心的环境伦理学体系。泰勒指出，所谓尊重自然的伦理态度，就是把地球自然生态系统中的野生动植物都视为拥有固定的价值。说某物具有固定价值，就是说这个物具有自身的善。这个善与它是否促进人或其他事物的善无关，而是与是否促进它自身有关。泰勒进一步指出，自然界中有生命的动植物都具有这种固有价值，而无机物则没有这种固有价值。如果说砂石也具有生长或繁荣的善，就是荒谬的，砂石等只能是工具性的。既然自然界的动植物都有固定价值，那么人们就应该尊重这些价值，进而尊重自然。泰勒还提出了人们具体行为的一系列规则和美德标准，包括人们对待自然的四条义务规则：不伤害规则、不干涉规则、忠诚规则和补偿正义规则。忠诚规则就是不能欺骗或误导动物，不能狩猎、诱捕或钓鱼等；补偿正义规则就是当个体生物或生态系统受到人类伤害时，人类有义务恢复人类与它们之间的正义平衡关系。③

后果主义关注行为的后果，是一种依据行为后果来对行为进行善恶评价的伦理学方法和理论。对于一个后果主义者来说，行为的正确与否仅仅取决于该行为引发的效果或影响。边沁认为，"善"的概念可能被理解为快乐或幸福，也可能被理解为知识、自我实现、健康等本身就有价值的东西。问题不在于它们能推理，也不在于它们能说话，而在于它们能否感受到痛苦。显然，在边沁看来，动物能够感受痛苦，也就拥有道德权利。辛格扩展了西方

---

① 〔美〕彼得·辛格：《动物解放》，祖述宪译，青岛出版社，2006，第1页。
② 参见周国文主编《西方生态伦理学》，中国林业出版社，2017，第135~136页。
③ 参见周国文主编《西方生态伦理学》，中国林业出版社，2017，第140~142页。

主流传统伦理,把一切有感觉能力的生物都纳入道德考虑的范围。

只有个体才能感受快乐和痛苦,实现自己的利益,因而,所谓"最大多数人的最大幸福",不过是个体幸福的汇总,不包括物种、生物圈以及生态系统,因为它们不具有感受快乐和痛苦的能力,因而并不具有道德地位。即便是为了确保生物链或生态系统的平衡而杀死某些生物个体,在功利主义者看来也是不道德的。[①] 在美国政治理论家约翰·罗曼德看来,这种以"智力、意识或感觉"为基础的"道德等级制",是把权利扩展到人身上或像人类一样的动物身上,却把大部分存在物置于万劫不复的境地。

阿提菲尔德也认为,他所说的"利益"不取决于感觉或体验能力,而是以拥有支撑和延续自己生命所需的能力为前提。在他看来,任何拥有可以实现的潜能、天性和能力的存在物,都像人和动物一样,可以从某些行为中获得帮助或受到伤害,从而都拥有自己的"善"。也就是说,生物个体自身的能力得到发展和实现的状态,就是具有内在价值的状态。树木虽然没有感受能力,但却有获得营养和不断生长的能力,有呼吸和自我保护的能力,因而也有自己的"善"。这样,大地伦理学所关心的,就不是动物避免遭受痛苦,而是生态系统或者说"大地共同体",个体应当为更大的整体的"好"作出牺牲。

当然,我们并不是要用"生态中心主义"取代"人类中心主义",我们不主张"中心主义",而是强调共同体的共存,关注的是共同价值,避免偏离共同的价值,不能用征服来代替共存,不能用二元对立来代替有机系统。人类对其他生命负有义务,不能从内在价值及其潜能发展等来获得支撑,因为这可以用来证明平等,但不能证明人类的义务。实际上,人类的自然义务来自对自身利益的关注,而这就离不开共同体利益。离开了共同体利益,人类的利益就得不到保障,这也就是人类承担自然义务的根据。人类有义务和责任共同维护自然。任何人都应对这一共同体负有义务或责任,这就是环境伦理形成的根本。破坏这一共同体,没有哪个人可以摆脱厄运,人类甚至会面临灭顶之灾。自然资源的有限性决定了人类的利益不能跨过共同体的利益,人类必须敬畏生命、善待自然。

人类要将共同体作为"敬畏"的对象。对共同体的破坏就是对自身生命

---

① 周国文主编《西方生态伦理学》,中国林业出版社,2017,第185页。

权利的践踏。征服自然的思维必须让位给所有生命体应当相互帮助的思维。要赞美和尊重生命，尊重和赞美充满生机和活力的自然物。立足于自然价值论，罗尔斯顿认为，自然是生命的系统，是充满生机的进化和生态运动。①

人类的自然义务根源于人类生命与非人类生命处于生命共同体中这一现实，它们是相互依存的关系，人类的自然义务是人类的自我义务。人与自然是不可分割的统一的整体。人们一直把自然资源当成取之不尽、用之不竭的无限库藏，而没有看到人与自然统一的方面。而恰恰是这一共同体，成为我们人类自然义务和自我义务的根源。非人类中心主义认为，自然物的内在价值是人类对自然负有道德义务的理由。"迄今为止，非人类中心主义一直把自然物具有'内在价值'视为人类对自然负有道德义务的主要理由，而人类中心主义则极力否定自然物具有内在价值。"② 由于自然物存在"内在价值"，而非一种实现其他存在物的"工具价值"，因此，所有的有机体都是生命目的的中心，都具有生存、发育、延续和繁殖的目的，人类不能干扰和损害它。"尽管人和高等动物是一种能够体验到自身之善的实体，它们拥有一种主观的'善'，而低等动物和植物虽然不能体验到自身的'善'，但是它们都拥有一种客观的'善'，并以自己的方式来实现自身的'善'。"③ 这种内在善的理由并不能为人类合理利用自然提供证明。

人类对自然的义务包括对所有非人类生命的直接义务，也包括对它们生存的生态环境的间接义务。"人类中心主义否认生物主体具有内在价值的同时，它也否认生物具有自己的利益和相互间具有共同的利益和利益关系。"④ 非人类生物不具有意识、愿望，不能辨识相互间的利益，互相承担责任等是人类社会成员的特征。人类中心主义认为，内在价值只有理性的人类才拥有，它属于具有实践、认识和评价能力的人类。人类基于生命共同体中人与自然相互关系而承担义务。"在生命共同体中，人类与所有其他非人类生命物种的生存利益相互依存，生命共同体作为一个整体，包括所有组成成员的利益，具有一种整体利益；人类生命与所有非人类生命形式，也存在着共同的利益，如地球生态过程的正常运行，生物圈的完整、稳定，全球生态环境

---

① 周国文主编《西方生态伦理学》，中国林业出版社，2017，第114~115页。
② 佘正荣：《人类何以对自然负有道德义务》，《江汉论坛》2007年第10期。
③ 佘正荣：《人类何以对自然负有道德义务》，《江汉论坛》2007年第10期。
④ 佘正荣：《人类何以对自然负有道德义务》，《江汉论坛》2007年第10期。

的健康等，对所有的生命的利益而言，都是共同的。"① 因此，维护好共同体的利益，维持生命延续，是每个人的自然责任和共同义务。生物主体具有内在价值和自身利益，这一点的确不能推导出人类的自然责任和义务，但生命共同体是人类的自然责任和义务的根源，这是毋庸置疑的。人类的道德义务是一种道德价值和道德规范，它离不开道德主体的社会评价、交流和达成的基本共识。人类对生态系统和整个生物圈不应干预过大，生物具有自己生存和繁衍的利益，"有必要采取道德（甚至法律）的形式，去维护这个所有生命生存的生态秩序，去协调人类生命主体与非人类生命主体的利益矛盾和利益冲突关系，对地球上所有生命的生存利益肩负应尽的义务和责任"。② 人类不仅对生态系统现实的平衡和稳定负有道德责任，还要对其能否持续存在和进化负有道德义务。"地球是人类的母亲，保护地球不仅仅是一种以'开明自利'为基础的权宜之计，它同时也是人类必须用生命来承担的一种道德义务。"③

（三）分配、承认、参与和能力：环境正义的四重维度

20世纪中叶，西方环境运动由具体关注环境事件或问题转移到了关注价值观、社会制度乃至宗教伦理等深层次因素。而正义的研究范围也在发生变化。众所周知，罗尔斯的正义论预设了人是理性的、有一定道德能力的人；同时，合作必须是互利的，即进入共同体范围，必须能够带来一定的利益，否则合作就无法进行。罗尔斯的正义论是在"无知之幕"下形成的，但是现实是非常复杂的，如何才能落实正义理念？传统伦理学在论及正义时，多从分配角度根据"在哪些人中间进行分配""分配什么""如何分配"进行阐释，对分配的原则、程序、标准等进行分析。分配虽是评判正义与否的重要尺度，但却不足以将正义内涵完全涵盖和充分体现。美国学者马萨·C.纳斯鲍姆关注到，有些人不在正义的预设框架里面，如依附于他人的残疾人、承担家务的家庭妇女，他们的正义问题如何解决？正义如何与不同群体结合？④

---

① 余正荣：《人类何以对自然负有道德义务》，《江汉论坛》2007年第10期。
② 余正荣：《人类何以对自然负有道德义务》，《江汉论坛》2007年第10期。
③ 〔美〕阿纳什：《大自然的权利》，杨通进译，青岛出版社，1999，第2页。
④ 〔美〕马萨·C.纳斯鲍姆：《正义的前沿》，朱慧玲等译，中国人民大学出版社，2016，第10~11页。

而正义的研究与不同领域和不同主体结合,形成了不同的正义主题。社会生态学、生态社会主义、环境正义和生态女性主义等就是其中的代表。它们重视社会与生态的内在关联,对"权力"和"生态"问题持续关注。"环境正义是指所有人,不分世代、种族、文化、性别或经济、社会地位,都同样享有一个安全、健康、富有活力和可持续的环境的权利;它包括生物性、物理性、社会性、政治性、美学性及经济性环境。环境正义要求上述权利能够通过自我实践和增强个人和社区的能力的方式被自由地行使,借此个体和群体的特征、需要和尊严得到维护、实现和尊重。"①

综观现实中的种种社会运动和斗争,人们对正义的追求往往并不拘泥于甚至并不指向分配正义,而是表达了获得承认、进行民主参与和提高生活能力的多种诉求,这也开启了学界对正义的多视角解读,并衍生出了对"承认正义"、"参与正义"和"能力正义"的探讨。"人们除了会因为环境利益和负担的不公平分配而激发不正义感之外,同样也会因感到自身的尊严和价值没有得到应有的承认或被扭曲的承认,而激起对于正义的渴望。"②

首先,承认正义是指人与人之间基于尊严、人格方面的相互承认而实现的权利义务的公平交换。戴维·施劳斯伯格指出:"环境正义的概念不应仅仅局限于分配正义,因为当遭遇到环境正义问题时,人们除了会因为环境利益和负担的不公平分配而激发不正义感之外,同样也会因感到自身的尊严和价值没有得到应有的承认,而激起对于正义的渴望。"③ 因此,承认正义既包括人们之间的相互承认,也包括人对自然享有平等的权利和自然的价值的承认。

承认是相互的,这告诉人们,在人们解决自身的生态权利的同时,也要尊重自然的生成权利,因为没有对方的自由和生成权利,自身的生态权利也难以保障。这与二元对立的自然观相反,它不是通过消灭对方来显示自身的能力,而是通过尊重对方和让对方自由,才能维持自身的权利。

正义就是要保障每个社会成员充分享有自由、平等的权利,使成员在相互承认的交往关系中创造自己的价值、实现自己的理想、维护自己的尊严、

---

① 彭国栋:《浅谈环境正义》,《自然保育季刊》1999年第28期。
② 王韬洋:《环境正义的双重维度:分配与承认》,华东师范大学出版社,2015,第23页。
③ 王韬洋:《西方环境正义研究述评》,《道德与文明》2010年第1期。

享受良好的社会生活。在作为分配正义的环境正义方面,"环境问题的现实情况是,一方面是人的无限的欲望,另一方面是能够满足人的欲望的有限的环境资源和空间。欲望与欲望满足之间的尖锐矛盾,使得人为了满足自己的各种各样的欲望和需要,就势必要采取某种方式来占有相对匮乏的资源和空间,使其成为自己可以支配、处分、享有的物品。这样一来,正义的必要性也就凸显了出来"。① 人们对待环境时,通过消灭对方而显示自身的能力,而不是通过承认和尊重对方,让对方自由,来维持自身的权利。近代以来,西方征服自然的思想导致灾难性后果的发生,充分说明了人类对自然的行为是非正义的。

作为承认正义的环境正义克服了这一点:在这种关系中,每一主体都能视"另一主体为他的平等者"。黑格尔认为:"在承认中,自我已不复成其为个体。它在承认中合法地存在,即它不再直接地存在。被承认的人,通过他的存在得到直接考虑因而得到承认,可是这种存在本身却是产生于'承认'这一概念,它是一个被承认的存在。人必然被承认,也必须给他人以承认。这种必然性是他本身所固有的。"② 因此,承认乃是主体之所以成为主体的构成性要素:唯有在与他人的相互承认关系之中,主体方能形成主体性或自我意识。"不要在我家后院"到"不要在任何人的后院",成了一条原则。"环境正义是一个承认的问题,而不仅仅是一个公平分配的问题。相应地,迈向正义的第一步是承认,而不是分配。"③

霍耐特将"尊重"作为基本承认模式,认为尊重就是将他人视为"道德上负责任的"且"具有理性自主能力的"。不尊重是不承认的模式,不尊重他人,也就是不认为他人能够承担"相同程度的道德责任",而且按照霍耐特所言,这也就是对他人的个人自主性进行了限制。④ 当然,这种承认模式必须是相互的。我对他人的尊重态度不可避免地与他人对我的尊重态度紧密相联。霍耐特认为,现代社会的法律体系正是对这种相互尊重理念的体现。"而根据作为重视的承认,一个个体之所以应该得到重视,是因为他们

---

① 王韬洋:《环境正义的双重维度:分配与承认》,华东师范大学出版社,2015,第46页。
② 转引自〔德〕阿克塞尔·霍耐特《为承认而斗争》,胡继华译,上海人民出版社,2005,第49页。
③ 王韬洋:《环境正义的双重维度:分配与承认》,华东师范大学出版社,2015,第58页。
④ 参见王韬洋《环境正义的双重维度:分配与承认》,华东师范大学出版社,2015,第149页。

的特性和能力会对'社会目标'的实现作出贡献"①,这就形成"主体间共有的价值视域"或"价值系统"。

从环境正义运动中,我们可以看到,对地方性环境知识、独特的环境理解和想象等的承认还远远没有实现。寻求文化上的同质性,往往给欠发达地区的地方性知识带来毁灭性的打击。而以当代环境伦理为指导的西方主流环境保护实践,又往往以抽象的人与自然的关系为标准,对发展中国家的独特性的生存方式体现出一种蔑视,在客观上危害了当地人的生存。② 要尊重地方性环境实践,要认识到作为生活的环境和作为生存的环境的区别,也要尊重地方对环境的理解。一般而言,"原住民在过去由于生活方式简单,且大多仰赖当地自然资源维生,他们与周遭环境多能保持和谐的关系,不至于大肆破坏当地生态。而且由于长期与大自然处于互动状态,原住民往往对于当地生态环境有着非常丰富的知识。这些知识包括四时的运行、气候的变化、动物昆虫的习性、植物的药用等等,都保留在他们语言、风俗习惯与生活中。但是,原住民及其所具有的地方性环境知识在生物多样性的保护和可持续使用中的作用远远没有得到应有的承认"。③

其次,"承认"需要"参与"。"承认"引入正义中来,拓宽了正义研究的领域和视角。霍耐特指出,人们不被尊重或不被承认的表现形式即权利的缺乏,当这种权利被剥夺时,他们注定不会得到必要的尊重。权利被拒绝会带来自我尊重的缺失。因此,单靠分配正义不足以保障正义的充分实现。弗雷泽主张,正义必须保证所有人能够有机会平等参与到社会生活的各种安排当中。④ "参与正义"是指可能被未来决策影响到的人拥有"知情同意权",有权对与自身利益相关的决策发表意见并进行表决。

最后,"正义"需要"能力"。森对"能力正义"研究较多。在森看来,与关注人们能分到什么物品相比,"所分配的物品是否提高了人们的生活潜能"这个问题更值得重视和关注。他主张把对人们是否幸福的评价,建基于

---

① 转引自王韬洋《环境正义的双重维度:分配与承认》,华东师范大学出版社,2015,第150页。
② 王韬洋:《环境正义的双重维度:分配与承认》,华东师范大学出版社,2015,第167页。
③ 王韬洋:《环境正义的双重维度:分配与承认》,华东师范大学出版社,2015,第170~171页。
④ 〔美〕南茜·弗雷泽:《正义的尺度——全球化世界中政治空间的再认识》,欧阳英译,上海人民出版社,2009,第69页。

是否实现了"有价值的功能性活动的能力"之上。[①] 一个正义的社会应不断致力于将所生产的物品转化为人们进行功能性活动的能力，以促进人们能力的最大发挥和实现更多的自由，而不是一味地追求物质财富的增长，满足于让人们占有越来越多的商品。纳斯鲍姆则倾向于在更多细节上阐释"能力正义"所应包含的具体内容，并提出了一套"能力集合"来详细阐明其具体内涵，如生存能力，身体健康的能力，身体完整的能力，理智、想象和思考能力，情感能力，实践理性的能力，与他人的联盟或形成友好关系的能力，与其他物种保持良好关系的能力，玩耍的能力，控制个人环境的能力，等等。[②]

无论是承认还是能力等都表明，学者们对"正义"内涵的理解更加趋于多元化和立体化。弗雷泽认为："社会正义包含两个分析上可区分的维度：一个是承认的维度，涉及制度化的意义和规范对社会行为者相对地位的影响；一个是分配的维度，涉及可支配资源在社会行为者中的配置。"弗雷泽对"承认的政治"的修正，就是一种"承认"和"分配"并重的"复合正义论"。[③]

综上所述，西方环境正义的探究内容丰富，也很深刻，为我们理解环境正义提供了多维度的视角和参考。生态中心主义者认为，所有的生物在它们自身的权利中都同样具有价值。在生物圈中每一种生命形式在生态系统中都有发挥其正常功能的权利，都有生存和繁荣的平等权利。所有的有机体和存在物，作为不可分割的整体的一部分，在内在价值上是平等的。生物圈平等主义实质上是强调非人类存在物与人类一样具有同等的内在价值和权利，人类应该像尊重自己一样尊重非人类存在物。[④] 生物圈平等主义者从"人与自然是平等的，没有主客体之分"观点出发，批判资本主义工业化对自然界的掠夺、对生态环境的破坏，希望建立无等级、无中心的生态社会。

人们必须首先要承认共同体优先，而不是个人优先。他们必须承认人与自然相互联系，谁也不能离开谁，人与自然处在生命共同体中，处在利益共同体中。如果人们之间缺少承认，缺乏尊重和合作，他们的共同体就不可能

[①] Amartya Sen, *On Ethics and Economics*, NY: Basil Blackwell, 1987, p.7.
[②] Martha C. Nussbaum, "Capabilities as Fundamental Entitlements: Sen and Social Justice", in Thom Brooks, ed., *Global JusticeReader*, MA: Blackwell Publishing, 2008, pp.604–605.
[③] 转引自彭兴庭《分配与承认：正义的两个维度》，《南风窗》2007年第10期。
[④] 李胜辉：《深生态学与人类中心主义》，《云南社会科学》2014年第5期。

长久存在。应从共同体理念出发阐释人类的道德义务和责任,对生态环境、对自然的生命力加以保护。应敬畏生命,善待自然,不能为了人类而破坏共同体环境。

非人类中心主义者虽然强调共同体的利益和自然的价值,但是他们没有找到生态危机形成的根源。即便有些学者重视共同体的道德责任,但是他们用抽象主体作为整体来讨论道德义务,忽视了富人与穷人的责任差别,没有区分清楚阶级社会不同阶级对环境影响的差别。如利奥波德的"大地伦理"把包括山川、岩石、土地等无机界在内的整个自然界都纳入了道德共同体的范围。在这里,人类不再是大地的支配者,而只是大地这一生命共同体中普通的、平等的一员。在个体与生命共同体的关系上,利奥波德认为,整体的价值高于个体的价值,生命共同体成员的价值要服从生命共同体本身的价值。[①] 由此,人类应当承担起对土壤、水、动植物以及生命共同体的责任和义务。他强调人是地球上唯一的道德主体,能够用道德来约束自己的行为,但他忘记了,富人在寻求快乐和刺激的同时,穷人却在为生计而发愁。生态中心主义者看到生态问题,但侧重于从文化与道德上找原因而忽视了从根本制度上找原因。动物中心主义者甚至走向了另一个极端,反对吃肉,主张人们做素食主义者,禁止杀生。然而,人类需要生存,必然也要向自然界索取物质资料,这是不可调和的矛盾。人类要生存发展,必然也要根据自己的需要而趋利避害。当然,人类中心主义者将这种矛盾扩大化、抽象化,而没有看到人类与其他生命相互依赖的关系。人类与其他生命是一个彼此相依的整体,人类的生存离不开这个共同体,更不能破坏这个共同体。相反,人类有义务维护好、保护好这个共同体。人类应对自然取之有度,合理利用。人类对自然的利用必须合理适度,不能危及生态平衡,不能影响整个共同体利益。"人类造成的生物环境的丧失、过度开发、外来物种的引入和污染、全球气候变暖以及各种干扰的累加效应,正在使那些适应能力很强的物种也抵挡不住。"[②] 毫无疑问,人们日常生活中需要的肉禽蛋鱼和粮食、蔬菜等都是生命的组成部分。食肉动物也是通过吃掉其他生物来维持生存,这是自然法则。并非所有人类的"杀生"行为都是不道德的。对动物中心主义者来说,

---

① 周国文主编《西方生态伦理学》,中国林业出版社,2017,第 101 页。
② 裴广川主编《环境伦理学》,高等教育出版社,2002,第 55 页。

这是难以理解的。但是完全禁止人类向自然界索取资源，是不可能的。保护生物需要取之有度、取之有道、合理适当。"杀生"不能杀幼年时期的生物、不能涸泽而渔、不能破坏生命维系的环境等。从自然规律来看，生态平衡也需要不断进行调整。如果人类不去合理采伐自然状态下的竹子，反而对这个物种有不利影响。人类合理利用自然，防止环境恶化，建立人与自然的和谐共存，是人类的主观能动性的表现。"生态利益的制造者是生态利益产生的前提条件，这些制造者为人类和其他生物提供生存条件的生态需求，而人类在利用这些条件发展自身的同时，不断地保护和改善生态系统，为这些生态利益制造者创造良好的生态环境，使它们能制造更多的生态利益。""可见生态利益为生态利益的制造者提供生存条件和生态需求，而生态利益的制造者又利用这些生存条件和生态需求创造更多的生态利益。这两者之间互相依存，不可分割。"[1]

要维护整体利益和共同体利益，应在尊重自然规律的基础上，取之有度。生态系统是一个动态平衡的过程。表面上看，自然界是混乱的、偶然的、粗野的，但长久来看，动态平衡是生态系统的需求。人类需要尊重自然规律、把握自然规律，在客观规律基础上，发挥主观能动性。人类需要做的就是维护这种动态的平衡，促进人类和生命共同体的共存。要维护好整个共同体的动态平衡，促进整个生态系统的完整、稳定和美丽。

维护好生态平衡，不仅是为了当代，也是为了维护后代的环境权利。后代人的权利和当代人一样多，我们有义务为他们保留一个适合生存的自然空间。

人类不仅要从道德上约束自己，承担道德责任、爱惜生命、善待自然，共同维护生命共同体利益，还要从法律上规范自己，明确人类对生物的道德责任，通过法律手段来规范人类活动，防止对环境造成伤害。将故意破坏生态环境、滥捕滥杀者绳之以法，给那些积极参与生态保护、生态修复者更多支持和奖励，以实现"贡献者多受益，破坏者多担责"。

---

[1] 耿莉：《生态利益的形成机理及其功能的研究》，《商情（教育经济研究）》2008年第3期。

第三章 环境正义的主要内容及其逻辑

人和自然是一个生命共同体。生态伦理的基本信念是尊重自然价值，强调整体利益优先，主张人与自然和谐共处、和谐发展、可持续发展。马克思非常关注共同体问题，在《1844年经济学哲学手稿》《德意志意识形态》《共产党宣言》《资本论》等著作中对此都有阐述。马克思正是从唯物史观的立场出发，根据生产方式、生产关系和阶级矛盾的状况，深刻论述人类如何走向"人道主义等于自然主义"的共产主义共同体。"这种共产主义，作为完成了的自然主义，等于人道主义，而作为完成了的人道主义，等于自然主义，它是人和自然界之间、人和人之间的矛盾的真正解决，是存在和本质、对象化和自我确证、自由和必然、个体和类之间的斗争的真正解决。"[1]

第一节 环境正义之内容

随着环境问题日渐凸显，环境正义问题也逐渐进入了学者视野。西方学者把环境正义视为环境利益与环境负担的公平分配，是经济公平在生态环境方面的转化和延伸。从权利与义务角度界定环境正义，将其视为社会正义的延伸，这在国内也较为流行。国内学者认为环境公平的"第一层含义是指所有人都应有享受清洁环境而不遭受不利环境伤害的权利，第二层含义是指环境破坏的责任应与环境保护的义务相对称"。[2] 这种分析有其可取性，然而，基于生态权利与义务视角解读环境正义的做法仍有其不足之处。这种观点没

---

[1] 《马克思恩格斯文集》第1卷，人民出版社，2009，第185页。
[2] 洪大用：《环境公平：环境问题的社会学视点》，《浙江学刊》2001年第4期。

有摆脱人与自然的对立，仍把自然视为人的利用对象，没有把人与自然作为不可分离的整体。薛勇民等在《环境正义的局限与生态正义的超越及其实现》中指出，当前环境正义单纯观照人的需要而缺失对自然维度的关注，盲目追求分配正义而缺失生态维度的考量。[①] 环境正义必须在遵循自然规律的基础上，在环境承载能力条件下，才有可能实现权利与义务的统一。而有些学者对环境正义的界定忽视了这一前提，认为只要做到权利与义务的统一就能解决环境问题，这完全没有考虑环境本身的特点与规律。实际上，社会正义可以通过"做大蛋糕"而逐渐实现，但环境正义是不可能通过"做大蛋糕"来达到的，相反，有些资源一旦遭到破坏就永远不能再生，它的影响将是长远甚至致命的。因此，必须立足于人与自然生命共同体维度对环境正义进行探讨。

（一）生命共同体：自然力应该得到保护

自然力为人类的生存发展起到基础作用，那么，谁为自然力作出贡献？谁保护了自然力？谁破坏了自然力？自然本身是一个系统，在这个系统中，不同物种、环境形成了环环相扣的循环。然而一方面，资本的逻辑破坏了自然力，把自然视为"僵死"的物质，而忽视了其可持续的生命力。另一方面，对于自然力形成的生态产品的分配，人们之间出现了占有、分配和使用的不平等，出现了以少数人的利益为目的的生态价值追求。因此，围绕自然力保护，重视人们共享生态美好环境的追求和生态利益，成了环境正义的内在逻辑。世界是物质的统一体，"生命同根""唇齿相依"，人类不应该与自然割裂开来，不应该与其他生命相对立。只有当人善待自然、善待其他生命体时，其他生命体才会回馈给人类以巨大利益。

1. 自然力的概念、类型以及在实践中的价值

敬畏生命、善待自然，首先要善待他们的生命之源——自然力。那么什么是"自然力"？马克思在《1844年经济学哲学手稿》《资本论》《经济学手稿（1857—1858）》三部经济学手稿中，恩格斯在《自然辩证法》中多次提及"自然力"这个概念。有些学者认为，"自然力是一种不需要任何劳

[①] 薛勇民、张建辉：《环境正义的局限与生态正义的超越及其实现》，《自然辩证法研究》2015年第12期。

动，不需要花费一定的费用而产生并能在生产过程中带来额外收益的自然的生产要素"。①

自然力值得尊重，是因为它与人类同样充满了自由意志。有机体具有自组织能力，因此有自由。自然界的万事万物，都在物竞天择，为了更好地成长，都在努力争取阳光等有利环境。

对于生物来说，自由主要是生存自由，即生物可以在适宜的环境中生存和繁衍，获取所需的能量和资源，以维持生命活动。由于有生命自由，每种生物都以某种方式和其他生物相互联系着；由于有生命自由，生命物也依赖于自然环境，每个生命体都与外界沟通。生物可以通过进化适应不断变化的环境条件，提高自身的生存能力。

地球上的各种存在物共同构成了一个和谐有序的生命整体，地球上的每一个生命本身都有存在的价值，有些是直接价值，有些是间接价值，无论它们对人类是否具有经济价值，都应该纳入道德考量的领域。利奥波德的"大地伦理"把包括山川、岩石、土地等无机界在内的整个自然界都纳入了道德共同体的范围。在这里，人类不再是大地的支配者，而只是大地这一生命共同体中普通的、平等的一员。利奥波德在《沙乡年鉴》中指出，像大山一样思考，不一定要从人的视角去思考，而要从自然的角度去思考。利奥波德主张人类应当把道德关怀的重点和伦理价值的范畴从生命的个体扩展到自然界的整个生态系统，道德上的"权利"概念也应当扩大到自然界的整体。因而，在个体与生命共同体的关系上，利奥波德认为，整体的价值高于个体的价值，生命共同体成员的价值要服从生命共同体本身的价值。②

自然界万物都有自由，这是一个相对的概念。自然界万物的自由并不是无限制的，而是在遵循自然规律的前提下的自由。这种自由是在自然规律的框架内的自由，是在生态平衡的基础上的自由。生物和非生命物体都受到自然规律和环境因素的制约。如果超越了这个制约，就会对自身或者整个生态系统造成破坏。例如，鸟儿飞得太高，可能会因为缺氧而死亡；鱼儿离开了水，就会无法生存；如果植物缺乏必要的养分，就会生长不良甚至死亡。这种自由是在自然规律和环境因素的制约下实现的生物本性范围内的自由。生

---

① 方世南：《马克思恩格斯的生态文明思想——基于〈马克思恩格斯文集〉的研究》，人民出版社，2017，第246页。
② 转引自周国文主编《西方生态伦理学》，中国林业出版社，2017，第100页。

物和非生命物体通过不断适应和进化,以及相互之间的相互作用,共同构成了丰富多样的"自由"世界。只有在遵循规律下,在尊重生命自由的前提下,共同体才能实现整体繁荣,实现整体利益的最大化。

人类自身与有机物有相通之处,也与他物有一定的区分,在物自身与他者之间有了区分,就有摆脱他物束缚的可能,或有与他物竞争的可能。有机物有条件反射,能够随着环境的变化而调整自己的活动。人与自然界其他有机物都需要保持一个稳态,即有机物内部要素和外部环境之间的平衡。越低级的有机物越容易保持平衡,越高级的有机物越需要同外界保持稳定关系。因此,这种自由既保证了个体的生存和发展,也维护了整个生态系统的稳定与和谐。人类应该遵循这种生物自由规律和平衡原则,有责任维护这种稳定。人类应当承担起对土壤、水、动植物以及生命共同体的责任和义务。

人类的自由要高于生物自由,但人的自由仍离不开生物自由和其他有机物的支持和约束。一方面,人类作为有机物中的一员,需要同外部的环境保持协调一致。其他非人类生命也都彼此相互依赖、相互联系,须臾不能离开其他生命体的支持。另一方面,人的自由与其他有机物的自由都是源自生命的本质活动,是有意志的生命活动。动物是能够自由运动的生物,或者说是能够自由运动的物质形态。人类的活动是有意识的、自觉的、有理性的活动,而动物的活动是欲望的活动。"该原则(平等原则——作者注)意味着,我们对于他人的关心不应该取决于他人是什么样的,或者他人具有怎么的能力,正是基于此,我们才能够说,不能因为一些人不属于我们的种族,我们就有资格剥削他们;类似地,不能因为某些人不如另一些人聪明,他们的利益就可以被忽略。但该原则也意味着,不能因为有些生命不属于我们的物种,我们就有资格剥削它们;类似地,不能因为其他动物不如我们聪明,它们的利益就可以被忽略。"[①]

"人类中心主义"和"非人类中心主义"争论的焦点在于是否承认自然具有"内在价值"。自然本身是否具有目的?自然是否因自身的特性而具有价值,而不是依赖其他实体而具有价值?简言之,自然是不是需要以人类为根据?任何生命实体都是从自身的视角为出发点来观看世界的,这是毋庸置疑的,作为人类也概莫能外。这就导致了"人类中心主义"与"非人类中

---

① 〔美〕彼得·辛格:《实践伦理学》,刘莘译,东方出版社,2005,第56页。

心主义"各执一词的局面。在笛卡尔哲学的意义上,人类作为主体,是与作为客体的自然相分离的。"在所有物种中,唯独人类通过改变其周围的环境并为了自身的目的而对之加以利用。"① 但是,我们不要忘了,人类与自然是相一致的,无论是身体的组成部分,还是与自然物质的交流、流通等,都与自然相协调。更为重要的是,人类与生命实体在许多方面都是贯通的。虽然我们不可能知道其他生命体的想法,但是其他生命体需要栖息环境,需要生长发展空间,需要趋利避害,躲避不利因素等,这与人类是相通的。人类与其他生命体的相通不是建立在抽象的理念的基础上,而是通过实践,在不断交往和联系中实现的。也就是说,生命实践中,生命共同体的自然自由是相通的。当然,地球上的生命共同体不是永恒的、绝对的,因为生命本身也有健康、疾病、死亡等过程,我们要以过程论来理解生命共同体,要以矛盾论来理解这一共同体。不能由于生命本身就排斥死亡。生命共同体本身就是"天人相分",也是"天人合一"的,是充满斗争的,也是辩证统一的。两者是相辅相成、缺一不可的,共同推动生命共同体向前发展。

2. 自然力与劳动生产力紧密结合

把自然力停留在道德层面或者普遍共同体层面是不够的。马克思主义强调从劳动方式角度来对自然力进行保护与合理利用。"如果自然力的功能和属性尚未被人类所充分认识和有效地加以利用的话,那么,自然力对于人类而言只是一种潜在性的生产力,而不是现实性的生产力。一部科学技术发展史,实质上就是一部人类不断地认识自然力和不断地开发和不断地利用自然力的历史。"②

自然力不是抽象的,而是人的生产实践活动的基础。在马克思看来,土地的肥沃程度、矿山的丰富程度等都是自然力,人的身体也是自然力,如人的手臂和腿,头和手等。人是在有意识的能动性实践活动中表现出自身的自然力的,而自然界的自然力则是作为无意识的盲目性的力量发挥作用的。马克思恩格斯更重视意识对于自然力的选择的影响。虽然自然力是先天普遍存在的,但是,纳入人类视野的自然力就带有人类的眼光和选择。马克思所讲

---

① 〔英〕戴维·佩珀:《现代环境主义导论》,宋玉波、朱丹琼译,格致出版社、上海人民出版社,2011,第49页。
② 方世南:《马克思恩格斯的生态文明思想——基于〈马克思恩格斯文集〉的研究》,人民出版社,2017,第254页。

的自然力是由社会关系形成的自然力，包括自然合作形成的额外的收益，如作为协作和分工以及人口增长而产生的社会劳动的自然力。马克思指出，"由协作和分工产生的生产力，不费资本分文。它是社会劳动的自然力"，①"由于占有资本，——尤其是机器体系形式上的资本——，资本家才能攫取这些无偿的生产力"。② 在社会生产力中，最为重要的是科学这个自然力。"要利用水的动力，就要有水车，要利用蒸汽的压力，就要有蒸汽机。利用自然力是如此，利用科学也是如此。电流作用范围内的磁针偏离规律，或电流绕铁通过而使铁磁化的规律一经发现，就不费分文了。"③ 由于机器价值是逐渐转移到商品价值中的，而生产过程中却是整个机器在发挥作用，因此，机器能为资本家带来更多剩余价值。如机器使用15年，这样只有1/15的价值加入每年的产量，但它在劳动过程中不是作为1/15，而是作为全部起作用的。

自然力与劳动生产力是紧密结合在一起的，劳动生产力不能离开自然力，自然力是形成劳动生产力的基础。良好的土地有利于提升生产力水平，同时劳动生产力也是自然力中的一部分。劳动力作为富有活力的自然力，可以不断循环使用。同时自然力的利用也不能离开社会关系，劳动者在生产过程中利用工具，把自然资源以某种形式保存下来，从而加快财富的积累，这也就是历史发展过程中形成的社会力。

（二）人和自然相和谐：环境保护同经济社会发展保持动态平衡

人类的发展需要自然界为其提供生产资源，需要同自然界交流，这就决定了人类发展应当注重顺应自然，按照自然发展的客观规律办事，充分发挥自身的主观能动性。在与自然界交流中，需要把握一个"度"。协调发展就是解决人与自然和谐发展的主要途径和方法。生命共同体要求实现人与自然的利益最大化，满足人与自然共同体的持续需求（生生相依），这就需要协调发展，而不是人类中心主义者强调的人类对自然的征服，也不是自然中心主义者强调的不要对自然作出任何破坏。大自然自身是一个平衡的系统，在生物之间存在着一条稳定的链条，捕食食物链、腐食食物链和寄生食物链在

---

① 《马克思恩格斯文集》第5卷，人民出版社，2009，第443页。
② 《马克思恩格斯全集》第47卷，人民出版社，1979，第553页。
③ 《马克思恩格斯文集》第5卷，人民出版社，2009，第444页。

自然中保持着一个数量的平衡，各种生物在自然的调控下优胜劣汰，保持着一个动态的平衡。各种生命的产生、进化和演变都与自然环境动态平衡密不可分。人们应摆脱控制自然的办法，应该在尊重自然规律的基础上发挥主观能动性。经济和环境应该协调一致，不能过度干涉生态环境本身的成长过程，也不能过多掠取资源。

自然力在不同社会关系中的使用方式也不同。在资本主义社会，由于资本掌握大量的生产资料与自然资源，自然力的开发与使用归资本家所有，在生产过程中，资本家通过技术、机器等，降低商品价值量，以获得更多的利润。劳动生产率越高，单位时间内生产的产品越多，单位商品的价值量就会越少，资本家通过市场售出的商品就越有竞争力，也越有利于利润的积累。然而，资本家在获得更多利润时，并没有为自然带来更多的财富。在降低单位商品的价值量的同时，资本控制了更多的自然使用价值，也就控制了更多的自然资源。资本在不断缩短工作日的同时，加大了劳动密度。

马克思恩格斯论证了自然力是资本家获得超额利润的一种自然基础，也是提高劳动生产率的自然基础。少数企业由于合理利用了瀑布、土地的自然肥力等，大大降低了成本，提高了生产率。马克思指出："资本的生产力是社会劳动生产力的资本主义表现。"[①] 以资本的价值增殖为目的的社会生产、劳动生产力的发展，不是以改善劳动者的生产条件和促进人与自然的和谐为目的，而是通过在同样时间内生产更多的使用价值，减少单位商品的价值量，从而缩短劳动者的必要劳动时间，相对延长剩余劳动时间，以取得更多的剩余价值，实现资本的增殖。

马克思论证了资本的生产力是以追求剩余价值为目的的滥用和破坏自然力的生产力。他告诫资本的要素不能过度掠夺自然资源、破坏自然力，否则就不能生产出商品价值。大农业直接滥用和破坏土地的自然力，大工业对森林自然力，对铁矿石、煤炭等自然力进行了破坏。马克思恩格斯也批判了资本对劳动力的伤害。大工业滥用和破坏劳动力，也就是对人类的自然力、对人的劳动自然力的破坏和滥用，让人紧张而缩短生命。资本不是以一定阶段人的合理需求为目的，而是以利润为目的；不是合理化开采，而是盲目地索取，这必将带来生态灾难和人的异化。

---

① 《马克思恩格斯文集》第 8 卷，人民出版社，2009，第 392 页。

生态正义要确保每个人都能享受到合理的生态利益，任何人不能被限制享受干净的水、清新的空气，不能被限制获得这些自然资源。任何人，不论种族、肤色、国籍或收入，均应受到平等对待，并可以有效参与到环境法规和政策的制定、实施和执行之中。这种观点在环境伦理学中具有代表性，它从人人应享有清洁环境权利、享有清洁环境而不遭受不利环境伤害的公民权利来界定环境正义，指出不同群体、不同地区之间在承担环境风险方面应有所区别。然而，这种人人拥有生态利益的前提必须是生命共同体的健康发展。一定区域内的人群、生物群落、环境以及相互交流的方式等构成一个综合系统，在这一系统中，经济、社会、生态应协调、持续发展，物质信息交流相对稳定。如果人类活动超过自然承载力，生态就会遭受破坏。

首先，一定区域内的生态系统具有自我调节能力，因此具有相对自足性。由于存在着足够多样的物种和足够大的领域，"自然物之间通过彼此联结、相互作用而产生动态平衡效应"，这也说明自然具有"内在价值"，是"自满自足"的。"自然是有经验目的性的存在，它们是'自己的目的'，而不是用来实现人类主体目的的手段。"[①] 自然系统自身具有趋向稳定的态势，因此，人类可以利用物质循环进行经济活动，但必须保护资源、自循环系统，遵守自然规律，才能拥有稳定的生产资料。

其次，人类通过技术改造利用自然，获得生存资料，需要保持生态区域范围内的"适度"。"一定生物区域中，任何较大的变化趋势都是通过生物的分解过程，通过自愿型的重新安排创造新的共同体来抵消。它就是生物系统的秩序本身。而改造生产方式意味着改变许多需求，因而改变供应它们的资源。如果超过了一定区域内的资源供应范围，就会出现一系列生态难题。"[②] 因此，通过技术改造自然，应控制在一定程度和范围之内，应该适应一定区域内自然的承载力而不是对它造成破坏。人类对自然的利用与调节也不意味着一味地索取，适度的技术开发必须考虑生态区域的生物群、水、气候、土壤和地形等特征以及生产潜能或承载力。

可以说，人的活动范围、生产活动的"度"都受到生态环境的约束，人

---

① 张彭松：《"内在价值"理论反思与生态伦理思想整合》，《安徽师范大学学报》（人文社会科学版）2019年第1期。
② 〔英〕戴维·佩珀：《生态社会主义：从深生态学到社会正义》，刘颖译，山东大学出版社，2012，第283页。

类活动不能突破它,这也就要求人们在组织生产时充分考虑当地的资源、环境状况。人们可以在一定范围内优化组合,进行生产要素的配置。要做好人口数量、规模、自然资源的容量等的协调。在此基础上,人们的生产技术也要有一定的规范,技术并非万能。"事实是科技也有限度,科技本质上是一种发现而非创造,而能量守恒定律又以铁的定律敲醒沉睡之中的人们,把他们从黄粱梦境拉回到窘困的现实。""每一个事实都会融入价值,而每一种价值都承载着某种事实,科学家也绝非与世隔绝的界外之人。"①

(三) 人与人相和谐:生态产品的分配应体现贡献原则

生态利益的分享不能由于种族、地位、收入等的差别而有所差别,但是必须要体现对共同体的贡献原则。环境正义主要是对环境利益的合理分享。但这何以可能?环境正义必须考虑两个方面的内容。一是自然环境如何才能持续?二是生产成果如何分配?生态利益的生产与物质利益的生产有没有区别?环境利益分配并不局限于从社会正义角度来分析,而是与自然生产力联系在一起;不局限于如何分配物质财富,而要重视这种物质财富何以可能的问题。也就是说,基于自然承载力基础上的人与人之间的生态利益生成(自然活力)、分配、交换与消费等过程的环境正义,应照顾到自然界的利益和弱势群体的生态利益,这才是环境正义的精髓。前面已经阐释了自然环境何以可持续的问题,下面阐释生产成果如何分配的问题。

自然力形成的生态产品在人们之间不公平分配也会导致环境的不正义。自然力在资本的组织下,必然强调利益最大化原则,会导致功利主义的分配方案。在分配方式上,功利主义强调"收益最大化"。功利主义往往把不同人的效用直接加总得到总量,然后根据总量来判断合理不合理,而不在乎这个总量在不同个人之间的分配情况。这种总量的关注往往会漠视弱势群体的收益与需求。同时,功利主义所关心的收益分配也没有涉及生态收益。也就是说,功利主义在追求"最大多数人的最大幸福"的同时,可能会牺牲少数人的环境利益,造成环境不正义。

以罗尔斯为首的新自由主义者强调,生态环境基本上要优先于经济利益。根据罗尔斯的正义原则,生态利益被纳入基本善物,基本自由、基本生

---

① 曾建平:《环境公正:中国视角》,社会科学文献出版社,2013,第231页。

存环境的需求等基本善物对于经济和社会利益具有优先性。对于有理性的人来说，不会愿意牺牲饮用水、干净的空气这样的基本环境善物来换取经济和社会利益。然而，人们还需要更多的物品才能生存。在这样的情况下，人们不得不考虑如何才能维持自己的生存。而获得更多物品如何可能？罗尔斯并没有继续深入探讨下去。撇开生产关系而抽象谈论这样的权利或善物存在较大问题，因为这些物品离不开一定的制度和生产方式。因此，必须联系生产资料所有制和生产组织方式，才能真正讨论这一问题。

社群主义者沃尔泽反对普遍性的分配原则，认为分配物品的多样性与分配机构的多元性，使得一种或一套分配方案几乎不可能。"从来不存在一个适用于所有分配的单一标准或一套相互联系的标准。功绩、资格、出身和血统、友谊、需求、自由交换、政治忠诚、民主决策等，每一个都有它的位置。"① 善应当在不同理由、不同程序下通过不同的机构来分配。同时，沃尔泽不仅关注物品自身的多样性，也关注对物品的社会理解的多样性。理解不同，分配原则也是不同的。"出于同一原因，物品在不同的社会里有着不同的含义。"② 在《正义诸领域：为多元主义与平等一辩》的"安全与福利"一章中，沃尔泽认为对于安全和福利的分配，人的基本需要是最适合的原则："每个政治共同体都必须根据其成员集体理解的需要来致力于满足其成员的需要；所分配的物品必须分配得与需要相称；并且，这种分配必须承认和支持作为成员资格基础的平等。"③ 在"环境正义的分配对象"一章中，他认为分配的物品包括环境恶物、基本的环境善物、环境质量等。但分配的环境恶物，被另一个理念所取代，即清洁的空气和饮用水等这样的基本善物，而这一点也是弱者所缺乏的。在此，虽然沃尔泽看到了人们对环境善物的理解的多样性，也探讨了分配的多元化，但仍然没有考虑到生态环境的保护者、贡献者的作用。

应该以人的合理需要和贡献原则为出发点，按照有利于共同体发展、有利于人类整体持久生存和发展的原则来处理生态利益的分配问题，反对狂妄

---

① 〔美〕迈克尔·沃尔泽：《正义诸领域：为多元主义与平等一辩》，褚松燕译，译林出版社，2002，第3页。
② 〔美〕迈克尔·沃尔泽：《正义诸领域：为多元主义与平等一辩》，褚松燕译，译林出版社，2002，第7页。
③ 〔美〕迈克尔·沃尔泽：《正义诸领域：为多元主义与平等一辩》，褚松燕译，译林出版社，2002，第105页。

自大的态度和肆意掠夺资源的行为,也反对只有少数人享受、获益,而多数人受损的分配。坚持整体利益与局部利益、当前利益和长远利益、人类利益与生态利益的辩证统一,促进人与自然和谐共生。人类利益的整体性、长远性与自然的关系并不矛盾,关键是如何认识与利用好、分配好生态利益。①

1. 合理的组织方式成为必要

人类离不开自然,自然也离不开人类社会。"自然的权利(生物平等主义)如果没有人类的权利(社会主义)是没有意义的。生态社会主义认为,我们应当从社会正义推进到生态学而不是相反。"② 生态社会主义者并不主张生态中心主义,而是强调在尊重自然生命的有关权利的基础上更加重视人的生存权利。

首先,在人类与自然的交往过程中,哪种生产方式更有利于生态平衡?人类在组织生产时,必须要思考以下几个问题。是以个人主义为单元还是以集体主义为单元?社会变化是由改变了生活风格与思想的个人(往往作为消费者),还是由为了政治效果的集体行动(往往作为生产者)的团体推动的?社会仅仅是一个相互支持其利益的个体的集合,还是有着大于个体总和的东西——社会是一个个体利益在很大程度上要服从于它的存在吗?如果是集体安排,那么如何处理人与人之间的利益冲突?如果是协商,那么社会是由国家来代表所有团体的利益而进行平衡吗?如果是冲突,那么任由其利益相关者中的少数精英所主宰,还是由政府平衡?在自由市场或政府干预中,哪一种能为多数人带来最大的利益?计划会阻碍物质效率还是生态效益?

其次,在生态利益分配中,哪些人会受益最大?是平等分享生态利益还是允许不平等产生?所有的生物种类应如何对待?信奉个人主义的生活方式的人,往往持有冲突模式,通过诉诸法律或通过政府等来解决冲突。③ 这些人相信,民主政体能保证公民有机会进入政治进程以追求他们自己的利益。对于处于弱势地位的人,他们认为应给予他们平等的机会,要公正地对待他们。然而,对于穷人,如何提高他们的环境资源的获得能力?在资本逻辑

---

① 解保军:《生态学马克思主义名著导读》,哈尔滨工业大学出版社,2014,第157页。
② 〔英〕戴维·佩珀:《生态社会主义:从深生态学到社会正义》,刘颖译,山东大学出版社,2012,第4页。
③ 〔英〕戴维·佩珀:《生态社会主义:从深生态学到社会正义》,刘颖译,山东大学出版社,2012,第22页。

下，穷人的能力不足，技术掌握得不够好，难以获得更多的自然资源，怎么办？当前，人们形成的共识是不能平均分享自然产品，除了公共资源外，必须引入竞争机制。那么，如何做好调配的组织保障与制度设计，以便既不挫伤优秀者的积极性，也不让穷人丧失生存机会？

在农业社会，由于人与自然的关系相对简单，基本上以农业为主进行生产，农业顺应自然、遵循自然规律，并没有带来大的环境灾难。而到了工业社会，人类干预自然的能力都大大提高，人类不仅有先进的生产工具，还制造出对人类威胁性大的污染物。各种自然灾难使得整个人类处于越来越大的风险之中。

2. 按对共同体的贡献比例制订分配方案成为必要

从自然力出发分析环境正义，即从自然力视角分析"在哪些人中间进行分配"、"分配什么"和"怎么样分配"这三个问题。破坏环境的人往往并不承担环境恶化的后果，同样，掠夺自然资源、对自然环境造成毁灭性破坏的强势人群也往往并不需要担负生态危机与自然反扑的后果（至少不需要立即担负）。环境恶果往往落在了弱势国家、地区和群体身上。本应由富人、发达地区承担的责任，却由于各种原因而由弱者承担，成为影响弱者身体、生活或生产的主要因素，这就是不公平。[1]

而要分析环境正义，必须要先把环境共同体的概念说清楚，把这个共同体中谁的贡献最大说明白。环境共同体是环境正义的一个重要问题，这个共同体是人与自然和谐共生的共同体，是自然力基础上的共同体，环境共同体是环境正义所讨论的或设想的边界，是人们在谈论社会正义时所默认或公开地设想着的分配领域的人们的一个相互联系的共同体。[2] 这是讨论"在哪些人中间进行分配"的前提。当然，这种共同体并没有一个标准，可以从民族角度讨论，也可以从国家角度来讨论，还可以从地域或自然系统角度来讨论。人们可以在民族政治文化背景下讨论分配问题，因此，民族成为一个重要共同体。而国家由于具有政治性特征，一群人致力于分割、交换和分享社会物品，必须要有成员资格，而国家在处理这样的矛盾时具有优势，因此，国家也是重要的共同体。沃尔泽认为，所谓分配正义首先是政治共同体成员

---

[1] 王韬洋：《环境正义的双重维度：分配与承认》，华东师范大学出版社，2015，第25页。
[2] 〔英〕戴维·米勒：《社会正义原则》，应奇译，江苏人民出版社，2002，第6页。

资格的分配，这是其他一切分配的基础。① 然而，在环境中，共同体的范围更广，就环境而言，人类与自然是一个大的共同体，因为空气、水、二氧化碳、臭氧层等是无法以地域来界定的。当然，一些自然资源可以从地域角度来进行界分，如石油、煤炭等。而诸如空气等是不可分的，因此，它要么提供给每个人，要么不能提供给任何人。因此，这样的环境问题是一个超越了正义之上的问题。因为污染的后果、环境保护的利益和风险的承担，都没有得到平等的分配，因此，环境不正义必然存在。谁受益，谁负担或分担，都是环境正义理论要考虑的问题。

对于"分配什么"的问题，基本上分为两类，即对于环境恶物的分担和环境善物的分享。环境恶物，包括有毒废弃物、环境风险等在不同地区、不同群体中被不成比例地分担。环境善物包括人工的环境善物（如公园）与自然的环境善物（如清新空气和未污染土地等）。多布森指出，环境正义分配的对象应该包括环境善物与环境恶物（以及作为其影响的环境利益与环境负担）两部分。② 这种分配对象不同于社会正义中所涉及的分配对象，它更多地是指对人们有用的物品，而很少涉及有害的物品。而该如何分担环境恶物，至今也没有一个原则。在美国，有色人种居住的社区与低收入人群居住的社区往往是环境较差的地方，也是废弃物或有毒物存在的地方。这样一种安置就是没有考虑到这些人群的生态安全。在农村，污染企业仍然排放有毒气体或倾倒有害废物。低收入人群受到了更多的环境恶物的影响，而高收入群体可以居住在更远的和更安全的地方。

目前人们日益重视环境善物的分配。多布森将环境善物划分为人工的环境善物（例如金字塔、公园等）与自然的环境善物（如雨林、臭氧层等）。而德里克·贝尔把环境善物划分为三类：基本的环境善物（如清洁的空气）、优质环境（包括居住地和可参观访问的优质环境）和环境资源（特别是食物和取暖原料等）。③ 从环境正义角度来看，环境不正义是指环境善物不成比例地分配给高收入人群。高收入人群不仅远离肮脏、堕落的环境，还能经常

---

① 参见王韬洋《环境正义的双重维度：分配与承认》，华东师范大学出版社，2015，第64页。
② Andrew Dobson, *Justice and the Environment: Conceptions of Environmental Sustainability and Theories of Distributive Justice*, Oxford: Oxford University Press, 1998, p. 74.
③ 转引自王韬洋《环境正义的双重维度：分配与承认》，华东师范大学出版社，2015，第72~73页。

有机会去访问居住地以外的高品质环境。2001年,英国国家经济与社会研究委员会发布了一份环境正义简报,指出不但对环境资源的拥有会引发环境不正义,对环境资源的使用也会引发环境不正义。[①] 当然,对于环境资源的使用也受到其他因素影响,如科技的发展水平、燃料的利用率等。食品的获得也受到经济因素、城市规划、交通因素等的影响。目前,人们对于环境善物中的清新空气、清洁的水等,是否能纳入环境正义的范围,还存在争议。因为这些善物不能界定为好,歧义太大,因此,这些环境善物的分配问题,无法确切地说是正义问题。

社会正义理论关注诸如金钱或商品这样私人持有的利益,而与环境正义相关的物品之间的边界是变动的,这一边界取决于我们的社会制度的技术能力,也取决于人们能够在特殊物品的价值上达成共识的程度。当人们分歧太大时,就需要形成共识。是否能够达成共识,以及能够达成怎样的社会共识,并以此为依据判断其是否成为社会正义的分配对象,这里还存在争议。[②] 为此,米勒认为,环境善物分为三类:一类是基本能够达成共识的环境善物,如空气和水;第二类是通过协商能够达成基本共识的善物,如土地污染补偿等;第三类是基本无法达成社会共识的环境善物,如能否为了防止蜗牛的灭失而反对建造水坝,这是有争议的。

下一个问题是如何分配,标准是什么?即对于自然资源,人们按照什么原则进行分配,在什么范围内进行分配?这离不开分配原则。王韬洋认为,有两个原则,一是普遍主义的原则,二是特殊主义的原则。普遍主义原则是跨越不同民族及其文化、跨越国界而适用于所有人的原则。而特殊主义原则适用于个别类型的社会。两者都有不足,普遍主义原则忽视或淡化了物品的特殊性以及社会关系的特殊性,而特殊主义原则则难以交流,关注片面性或局部性。

无论哪个分配原则,都是基于共同体这一假设基础上,都要体现"让节约者多获利,让保护者多获利"这一基本原则。古典功利主义认为,最大多数人的最大幸福才是正当的,然而其逻辑必然是,贫困地区或者发展中国家可以或者必然会接受"肮脏的环境",因为它会带来财富的增长。而自由至

---

① 转引自王韬洋《环境正义的双重维度:分配与承认》,华东师范大学出版社,2015,第74页。
② 王韬洋:《环境正义的双重维度:分配与承认》,华东师范大学出版社,2015,第84页。

上主义者诺奇克主张正义"三原则",即持有正义、转让正义和矫正正义。持有正义,即如果所有人对所分配的财物是有权利的,那么这个分配就是公正的。只有当交换是自愿的,才符合"转让的正义原则"。当然,如果持有的状态不符合持有正义和转让正义原则,就需要对持有中的不正义进行矫正。"如果某人赔偿别人,使他们的状况并不因其占有而变坏,那么,其占有本来要违反这一条件的人就仍然可以占有。"① 然而,转让正义在现实中,较贫穷的国家或地区往往被迫以低廉的价格出售其自然资源,而被迫接受污染物的进口。因此,这种正义是不能真正反映正义的本质的。诺奇克的持有正义"略去了有关非私人物品,非个人权利以及市场以外的制度体系"。②

罗尔斯认为,无论分配什么善物,都必须要遵循基本善物优先原则。如同基本自由对于经济和社会利益的优先性一样,基本环境善物也应对于经济和社会利益有优先性,不应允许牺牲饮用水或者干净的空气来获得经济和社会利益。基本的环境善物必然优先于经济社会收益。③ 而沃尔泽认为,基于分配物品的多样性,分配标准也有多元性,因为"从来不存在一个适用于所有分配的单一标准或一套相互联系的标准,功绩、资格、出身和血统、友谊、需求、自由交换、政治忠诚、民主决策等等,每一个都有它的位置"。④ 沃尔泽不仅关注物品自身的多样性,同样关注物品的社会理解的多样性。由于人们的理解不同,分配原则也不同,因此很难形成一个放之四海皆准的正义原则。当然这并不意味着反对一些公认的善物,如面包、空气、水等具有永远的基本价值,而这些构成前提性环境善物,前提性环境善物必须根据其成员集体理解的需要来致力于满足其成员的需要,所分配的物品必须分配得与需要对称。⑤ 能不能确保满足每个人的最低需求,使每个人都拥有足够的温暖和食物,这是社会正义的基准,也是环境正义的基准。当然,环境正义并不要求每个人都生活在与优质环境同等距离的地方,而是主张每个人都可以拥有便利的交通、足够的金钱、相应的知识与自信、能造访优质环境的可能机会。⑥

---

① 转引自王韬洋《环境正义的双重维度:分配与承认》,华东师范大学出版社,2015,第99页。
② 王韬洋:《环境正义的双重维度:分配与承认》,华东师范大学出版社,2015,第96页。
③ 转引自王韬洋《环境正义的双重维度:分配与承认》,华东师范大学出版社,2015,第79页。
④ 转引自王韬洋《环境正义的双重维度:分配与承认》,华东师范大学出版社,2015,第100页。
⑤ 转引自王韬洋《环境正义的双重维度:分配与承认》,华东师范大学出版社,2015,第102页。
⑥ 转引自王韬洋《环境正义的双重维度:分配与承认》,华东师范大学出版社,2015,第103页。

以上学者虽然关注生态产品的分配,却很少有人关注弱势群体在生态保护中作出的贡献,他们看到了对环境善物的分类,却没有看到这种环境善物何以能够形成,谁的贡献最大。因此,实现环境正义,不能忽视为环境利益作出重要贡献的弱势群体。保护环境者的保护也是劳动,对共同体作出了贡献,因此也要进行适当的补偿。

3. 合理照顾生态利益中的弱势群体

弱势群体不一定是对生态没有贡献的人,相反,农民等群体是生态保护者,因此,贡献者与农民等弱势群体有较大的重合。生态产业(包括绿色工业、生态农业等)更有利于保护自然力,更有利于实现可持续性发展。

我们属于共同体,但不能否定有差别的责任。环境问题上的共同体,仍然在一定程度上体现了强者的利益、强势国家的利益或地区利益。一方面,我们毕竟生活在地球上,而自然系统是一个整体,在地球上生活的人必须对整个地球负责,对自然环境负责,这是普遍性要求。另一方面,必须要根据不同的特点进行针对性分配,米勒对环境善物进行区分时,把环境善物分为三种类型。清洁的空气与干净的水,这是基本达成共识的善物。而通过协商能够达成基本共识的善物,如土地污染补偿等,是主要的善物分配关注点。[①]人们关注的是如何分配财富,很少关注这种清洁空气、干净水的保护者是否应参与到生态利益的分享中来以及以什么原则来分配。保护自然也就是保护生产力,因此,关注弱势群体的分配,重视其在环境保护中的贡献,应成为学者关注的问题。

人们对自然的理解也存在着空间和文化上的差异。一个中产者和一个无家可归者对自然的理解不可能完全相同。王韬洋认为,自由主义"从权利上对其他自然想象禁止。这种以抽象、疏离的'自然'来代替不同社会文化中具体的、活生生的自然的方式,可能正是当今环境问题的真正症结所在。生态利益的生成在不能破坏其自身功能的基础上才有可能,在不能改变其系统性基础上才有可能。分配也必须不能离开共同体。消费也是有限制的,不能消费一切"。[②]弱势群体的生态贡献必然也会存在空间与文化上的差异。目前,应从弱势群体的生态保护贡献上找突破点。每个人都应有保护生态环境

---

① 王韬洋:《环境正义的双重维度:分配与承认》,华东师范大学出版社,2015,第 103~104 页。
② 王韬洋:《有差异的主体与不一样的环境"想象"——环境正义视角中的环境伦理命题分析》,《哲学研究》2003 年第 3 期。

的义务，而不同行业不同领域的人们应根据自己的行业领域特点，积极做好保护自然力的工作，为增绿世界、保护地球作出应有的贡献。每个人也都有靠近优质环境的权利。并不是每个人都生活在距离优质环境同样距离的地方，但每个人都能拥有在合理的时间内造访优质环境的条件，如交通、金钱、知识和自信等。每个人都拥有这样的机会，也拥有基本的能力；每个人都能拥有健康的身体、拥有有机的食物并承担相同的保护责任。

第二节 环境正义之特征

  环境正义是与人类整体利益和整个生态利益相联系的理念。生命体与生态共同体的关系是困扰许多哲学家的问题。近代西方哲学家主张社会是由原子式的个人通过契约组成的，个体优先于共同体而存在，认为共同体是虚幻的、不真实的，只有个体才是真实的存在。这种思想拓展到生态领域，就是人的生态权利是真实存在的，生命共同体是虚幻的。因此，要求个人生态权利得到保障成为西方生态正义的主要议题。这种将个人权利与意志置于整体利益之上的自由主义思想，明显把个人与社会对立起来。
  在人与自然的共同体中，个体与共同体是共同存在、须臾不可分离的。个体作为具有独立人格的主体而存在，是区别于其他个体的标志。从这个角度来看，个体不能混同于共同体。然而，对个体独立性的强调并不能推断出共同体的虚幻。共同体并不是虚幻的，而是现实地存在于每个个体之中，每个个体的行为决定了共同体的属性与特征。单独的个人作为相对独立的个性存在，并不能离开共同体，共同体是独立个人存在的条件和基础。当前的环境问题越来越影响到个人的生存质量就证明了这一点，即个体不是绝对的，共同体也不是空的，个体的发展必须以共同体的发展为条件。
  个体与共同体的辩证关系告诉人们，个体与共同体构成了共存关系。没有离开个体的共同体，也没有离开共同体的个体。个体必须承担维护好共同体存在的义务，共同体也尊重和尽量满足个体的生存发展权利和自我实现需要。两者相辅相成、相得益彰，个人的发展蕴含着共同体属性，共同体特征也通过个体反映出来。共同体与个体的辩证发展借助人类实践活动而展开。由于实践的范围、层次、条件等的不同，个体发展也表现出不同的层次、程度和范围，由此组成大小不同、层次不同、属性不同的共同体。个体与共同体也并非静态地恒定地依存，而是一个通过相互确证、相互推动不断生成的辩证运动过程，它具有历史性。个体生存发展总需要借助于一定的社会性手段，在一定社会关系（共同体）中展开。因此，它是一般性和个体性的统一，是整体性与局部性的统一，是现时性与长久性的统一。个体与共同体的这种辩证统一关系影响着环境正义的性质和特征。

（一）有机性：尊重生命基础上的正义理论

区别于物质财富的分配，环境正义必须要在尊重生命、珍爱生命的基础上，进行生态利益的分配。传统分配理论中的分配对象主要是固定的物品，是可以直接交换的一般产品。而环境正义所探讨的对象，是一个富有生命力的非固定物品。这种特殊的"产品"不能准确切分，甚至也不能直接交易，如优美的环境、清澈的水源等。因此，环境正义原则不完全与社会正义原则一样，具有其特殊性。

"生命是蛋白体的存在方式，这个存在方式的本质要素就在于和它周围的外部自然界的不断的新陈代谢，这种新陈代谢一停止，生命就随之停止，结果便是蛋白质的分解。"[1] 蛋白质与一般的物理、化学过程不同，它具有自我更新能力，新的生命总是不断替代旧的生命，世代繁衍生息。一旦自我更新能力出现问题，整个生命体必然遭受影响。生命的自我更新功能及个体与周边环境的交换过程是生态系统健康与否的重要衡量标志。

同时，自然生态系统自身是一个动态发展过程，生态利益的形成离不开生态功能的正常发挥和持续循环。在没有外力干扰下，能量流动、物质循环等稳定在一个平衡状态。能量流动的主要渠道是食物链和食物网，物质循环主要是各种物质在生物群落与无机环境间的循环。在正常情况下，生产者、消费者、分解者的数量稳定在一定水平上。而人类的生存离不开这种生态系统的可持续发展。人类作为自然界的精灵，处于生命共同体的最高层，一方面人类离不开自然界，其生存所需要的物质都来自自然界，"我们连同我们的肉、血和头脑都是属于自然界和存在于自然界之中的"[2]。另一方面，人类具有目的性和主观能动性，能利用和改造自然，高于其他物种，是自然界的

---

[1] 《马克思恩格斯全集》第26卷，人民出版社，2014，第747页。
[2] 《马克思恩格斯选集》第3卷，人民出版社，2012，第998页。

主人。人与自然和谐共生，就是要求人类在遵循自然规律基础上发挥主观能动性，在尊重自然、善待自然基础上利用自然，让自然更好地服务于人类。①

20世纪早期，狼、熊、狮子和鲨鱼等是食物链顶端的掠食者，被认为是荒野资源稳定性和丰富性的潜在威胁者。资源保护主义者一方面反对对资源的贪婪开发，另一方面认为要积极消灭掠食者。但随着考察的深入和研究，他们发现这些掠食者是维持自然总体平衡、维持种群数量稳定和健康的一种天然工具。② 可以说，"人类的生存和发展依赖于自然系统的结构、功能的多样性。地球上的生命支持系统可以调节气候，清洁大气和水流，循环基本元素，创造并再生土壤，使生态系统更新，为生命创造适宜生存的生态过程。地球上所有生命——包括我们自己的生存，都有待于生态系统的稳定。保护地球的生命力，就要确立地球是一切生命的家园、根源的观念，既要谨慎而明智地利用自然资源，又要关注和尊重地球生态过程，控制使用对生物圈的物质大循环和小循环有破坏作用的物质元素及其排放，要按照生态学和环境科学所揭示的生态系统的基本规律和内在关系，选择使我们的衣食住行等需要能保证人类生态系统同生物圈的其他系统保持平衡的道德行为"。"维持人类的持续生存，保护地球的生命力，就离不开对生物多样性的保护。对生物多样性的保护不仅是对人类与各种生命形式和生态系统的相互关系的一种生物科学管理上的要求，而且也是环境道德上的要求，其目的是为使生物多样性向当代人提供最大的利益，并保持满足后代需要的潜力。"③

过去人们将地球当作"死的"载体，但是生态学的发展告诉人们地球是由"活的"生物有机体构成的生命共同体。地球是一个有生命的存在物，这是利奥波德大地伦理学的坚实基础。地球不仅是一个有生命的存在物，而且生活于其中的生命构成了一个自组织的生命共同体。利奥波德在《西南地区资源保护的几个问题》中指出："至少把土壤、高山、河流、大气圈等地球的各个组成部分，看成地球的器官，器官的零部件或动作协调的器官整体，其中每一部分都有确定的功能。"④

---

① 虞新胜：《"以人民为中心"生态利益实现困境及策略研究》，《系统科学学报》2025年第2期。
② 〔美〕利奥波德：《沙乡年鉴》，舒新译，北京理工大学出版社，2015，第173页。
③ 裴广川主编《环境伦理学》，高等教育出版社，2002，第55页。
④ 转引自周国文主编《西方生态伦理学》，中国林业出版社，2017，第68页。

（二）整体性：共同体利益优先下的分配原则

对于富有生命力的生态产品，不能进行分配，而只能为公共所有。因为一旦被私人占有、利用、处置，或者破坏后，整个生命体就难以恢复，最终导致整个人类的生存安全受到威胁。

美国哲学家、诗人拉尔夫·沃尔多·爱默生认为，宇宙是由自然和灵魂两部分构成的。自然和灵魂的关系相当于形式与内容的关系。自然是我们所看到的客观的物质世界，也是灵魂的显现形式。[①] 爱默生用"超灵"将自然精神化、道德化、神圣化，将人与自然作为一个整体。然而，近代以来，工业文明将人类社会和自然社会隔离开来，鲜活的自然界与大多数人之间毫无交集，资源被划分成为边界清晰的产权，而被资本家所拥有。资本家为了利润，热衷于征服自然，向大自然攫取财富，也给大自然带来紧张和动荡。"生态利益的主体是全体社会成员，而不是单独的个体，是不特定多数人的利益。生态利益具有非排他性，是公共利益的一部分"。"生态利益是主体的一种精神需求，不以经济利益为表现形式。而环境法上的精神利益，也是生态利益的表现形式。"[②]

人与自然是一个整体。首先是人与人的利益的整体性。站在人类的角度来分析利益，生态利益就是相对于人类的需要而言的。环境利益根据利益属性的不同可分为环境生态利益（以下简称为"生态利益"）和环境资源利益（以下简称为"资源利益"）两个部分。生态利益是自然生态系统对人类的生产、生活和环境条件产生的非物质性的有益影响和有利效果，大致可以对应生态经济学中的"生态系统服务功能"概念，最终体现为满足人们对良好环境质量需求的精神利益。资源利益是人们在开发利用环境要素和自然资源过程中所获得的物质性的有益影响和效果，经济学中对应的概念是"环境公共产品"，最终体现为满足人们发展需要的经济利益。

其次是人与自然的利益的整体性。站在物种的角度来分析利益，生态利益就是相对于各自物种的需要而言的。生态利益是生物生存和繁衍所必需的物质和生态需要，它产生于生态系统，地球生态系统通过养分循环和能量流

[①] 周国文主编《西方生态伦理学》，中国林业出版社，2017，第 42 页。
[②] 司文聪：《生态利益的识别与衡平》，《江南论坛》2017 年第 2 期。

动为生物提供所需物质。养分循环是指由于生物的生活、生长、死亡和分解，化学元素从周围环境中进入生物体和从生物体又回到环境中去的过程。能量流动是指能量通过食物关系从一个营养级转移到下一个营养级。通过不间断的养分循环和能量流动，生态系统才能维持平衡，从而为各种生物体提供所需的物质。一旦这种平衡被破坏，就会造成整个生态系统的崩溃。[①]

无论是从哪一种角度上看，整体性都是它们的共同特征。生态系统包括生物和非生物。根据生物在生态系统中的作用可将其分为三种类型。第一种类型是生产者，主要是指绿色植物，包括一切能进行光合作用的高等植物、藻类和地衣。除绿色植物外，还有利用太阳能或化学能把无机物转化为有机物的光能自养微生物和化能自养微生物。生产者在生态系统中不仅可以产生有机物，而且也能在将无机物合成有机物的同时，把太阳能转化为化学能储存在生成的有机物中。这些有机物及储存的化学能，一方面满足生产者自身生长发育的需要；另一方面也用来维持其他生物的生命活动，是其他生物类群以及人类的食物和能源的供应者。第二种类型是消费者，主要是指动物。它们以其他生物或有机质为食。消费者在生态系统中的作用之一是实现物质与能量的传递。消费者的另一个作用是实现物质的再生产，所以消费者又可称为次级生产者。第三种类型是分解者，主要是指细菌和真菌等微生物。分解者的作用就在于把生产者和消费者的残体分解为简单的物质再供给生产者。生态系统中的非生物成分是指各种环境要素，包括湿度、光照、大气、水、土壤、气候、各种矿物质和非生物成分的有机质等。非生物成分在生态系统中的作用，一方面是为各种生物提供必要的生存环境，另一方面是为各种生物提供必要的营养元素。生态系统中的各种成分相互依存，在一定条件下保持相对平衡，物质循环和能量流动周而复始。

没有生态系统就无法产生生态利益。通过对生态系统的分析可以得出这样一个结论：生态系统中的各种组成成分都是制造生态利益不可缺少的条件，而其中的生物成分则是生态利益的制造者，也就是说，生态系统中的生产者、消费者和分解者都是生态利益的制造者，它们在制造过程中发挥着不同的作用。因此，任何一个成分都不能缺失，否则，生态平衡就会被打破，物质循环和能量流动就会中断，生态利益也就无法产生。所以，生产者、消

---

① 耿莉：《生态利益的形成机理及其功能的研究》，《商情（教育经济研究）》2008年第3期。

费者和分解者在生态利益的制造过程中都发挥了非常重要的作用。①

（三）系统性：人与自然共同进化下的"向善"原则

共同体内不同物种之间、物种与环境之间相互作用、相互依赖，共同推动整个生命体向上向善进化。"生态利益的载体是生态系统，而生态环境中包含许多的环境要素，这些环境要素之间相互作用并对主体以及社会产生影响。同时人类生存在自然环境中，也是与自然环境相互影响相互作用的过程。因此生态利益具有系统性，整个地球也处于一个大的生物圈中。在最大的生物圈中，同时存在许多小的生态系统，它们之间相互区别，并各自维持各自的稳定。重视生态利益的系统性和区域性对于生态利益的衡平有十分重要的作用。"② 所谓系统，就是指由部分或要素组成的，具有一定层次和结构，并与环境相互作用的整体。系统具有整体性、层次性、结构性和环境性特征。系统的发展过程是整体与要素、层次、结构、环境相互作用的过程，其核心是整体与要素相互作用的过程，是一个向上向善的进化过程。

自然界作为一个整体，其本来状态基本上是和谐稳定的。自然界内部的各个要素之间相互联系、相互适应。马什指出，动植物之间的内在联系即便是今天的人类智力也难以完整、深刻洞悉，就像把一把小石头投入有机生命的海洋一样，我们难以估量它对大自然和谐的干扰范围究竟有多大。当然，这种破坏性也是在自然界的可承受范围之内，一般情况下它们有自愈功能。但是人类的破坏力远远大于此。森林的毁灭、土地的过度耕种、草原上的过度放牧、随意捕杀野生动物等造成水土流失、土壤沙化、气候变暖、冰川融化、生物多样性消失等，都导致自然被破坏。③

生态系统中的生物之间、生物与环境之间从未间断地进行着复杂而有序的物质、信息和能量的交换，构成了一个动态平衡的有机统一体。任何有机体都是生物圈网络中的一个点，大家都是彼此相连、相互平等的。深生态学坚持生物圈平等原则——任何生命形式在生存与发展上平等，反对等级，坚持多样性和共生原则，坚信"生存并让他人生存"比"要么你活""要么我

---

① 耿莉：《生态利益的形成机理及其功能的研究》，《商情（教育经济研究）》2008 年第 3 期。
② 司文聪：《生态利益的识别与衡平》，《江南论坛》2017 年第 2 期。
③ 转引自周国文主编《西方生态伦理学》，中国林业出版社，2017，第 46 页。

活"更为重要。"罗尔斯顿认为，任何自然生态系统都有其生存和发展的内在目的性，这种内在目的性就是内在价值的依据，也是系统价值的依据。"① 如果我们把自然看作一种资源，那么它就只有工具价值。当我们把自然看作一个系统、具有内在价值时，人类就是这个系统中的一部分，这就将自然提升到更高的价值位置。

系统方法要求人们在认识和改造事物时，从事物的整体性出发，处理好整体与要素、层次、结构和环境的关系，促进内部要素的协调有序关系，使局部与整体相互配合，实现整体优化进化。"自然的生态系统在漫长的进化过程中，产生了越来越多富含价值的个体，而这些个体是与生态系统密不可分的，依赖于生态系统而生存，因此个体的价值也与自然共同体的价值相联系。""生态系统中，由于食物链和能量金字塔关系，当一个物种为另一物种所食时，它的内在价值就转化为另一物种的工具价值，最终这种工具价值又转变成了食者的内在价值或整体的价值。"② 可以这么说："价值就是这样一种东西，它能够创造出有利于有机体的生存的差异……使生态系统丰富起来，变得更加美丽、多样化、和谐、复杂。从这个角度看，对某一个个体来说是否定性的价值，对整体来说也许是某种肯定性的价值，而且这种价值还将结出那些将被传递给其他个体的价值果实。"③

生态系统的客观性为我们提供了不以人的主观偏好为道德根据的伦理源泉。自然界是漫长的历史进化而来的，这是一个创生万物的自然，永不停歇、充满各种创造物的自然。大自然是生命的源泉，而人类只是生命体中的一个。"准确地说，人只是'价值'概念的源泉（发明者），而非价值的创造者。"④ 人类中心主义认为，只有通过人这个主体评价，才能赋予自然物价值。实际上，在人类产生之前，自然界就存在了。自然界不以人的评价而存在，价值是在人类出现后才产生的。当然，人类产生后，"是"就暗示了"应该是"的方式。

---

① 裴广川主编《环境伦理学》，高等教育出版社，2002，第132页。
② 裴广川主编《环境伦理学》，高等教育出版社，2002，第133~134页。
③ 〔美〕霍尔姆斯·罗尔斯顿：《环境伦理学》，杨通进译，中国社会科学出版社，2000，第303页。
④ 裴广川主编《环境伦理学》，高等教育出版社，2002，第133页。

（四）代际性：在场者与非在场者之间的利益协调

人类不能离开其他生命体而独立存在。人们要改善自己、发展自己、提高自己，必须同时改善周围环境，发展周边生命体。同时，人类也要考虑下一代人的生态利益。不仅要实现当下"在场者"的利益，也要照顾下一代"非在场者"的利益。工业文明时代，人类没有考量自然的道德性，也没有考虑子孙后代的生存与发展，一切都"活在当下"。随着人口的不断增长和人类对自然的破坏的加剧，地球的承载能力已经逼近极限，人类开始意识到自己的活动不仅危及当代人的生存，更是在吃"子孙粮"，断"子孙路"。

20世纪末，人类开始重视生态环境的可持续发展问题。人们开始考虑在满足自身当前需要的同时不牺牲后代人的利益。可持续发展的一个最重要的观点就是，今天的发展不仅不应该损害未来发展所需要的条件，而且还必须为未来的发展提供良好的条件，这才是真正的发展，也是当代人必须履行的义务。

当前"在场者"应该负有什么样的道德义务？在生态环境的利益分配上，不仅要关注代内的分配利益，也要关注代际的资源利益分配。不仅关注人与人之间的公平，还要关注人与自然之间的公平。清新的空气、洁净的水源等都是无价之宝，人们的利用不能超越生态环境的承载能力，以保证发展的可持续性。

代内分配正义要求在当代人之间公平合理地分配自然资源，人类应承担保护环境的责任，公平合理地取得生态利益。代际公平要求当代人享有的正当环境权利，是以不妨碍下一代人拥有清洁、安全、舒适的环境权利为前提条件的。当代人的发展不能片面追求自身的发展和消费，而剥夺后来人理应享有的发展和消费机会。地球是我们祖先遗留给我们这一代人的，我们也要把它留给后代人。这是我们的道德责任。[①]

我们在制定各项政策时，不仅要考虑它们对当代人的幸福所产生的影响，还要考虑对后代的幸福所产生的影响。我们不仅有义务满足当代最大多数人的幸福，而且有义务满足后代的最大幸福，这是人类对后代承担义务的伦理根据。人类对于当前与未来的利益，对于自然的利益，应该担负起道德

---

① 裴广川主编《环境伦理学》，高等教育出版社，2002，第145~154页。

责任和法律责任。

现代人不能为了自己的利益侵害后代的生命权和健康权。现代人应当对后代承担道德义务和责任。人类有义务保护自然环境,这也是基于后代人权利的一种义务。后代人有权拥有一个健康的生存环境,从他们的父辈手里接续下来。而人类有责任合理预见到自己的行为对后代所带来的危险,人类在自己的能力范围内减少这种危险是必要的。[①]

第三节 环境正义之历史探寻

马克思把自然界和人类社会理解为历史发展过程。自然是一个社会历史过程,社会是一个自然历史过程,两者统一在人类的实践进程中。马克思以现实的人的实践活动为理论视角,认为自然的人化、人的自然化是统一的关系。自然界被置于人类社会和历史发展的现实之中,是人的本质力量的展开,而人的本质也受到自然的约束。人与自然如何协调、共生共荣?历史上,人与环境的关系经历了顺从期、征服期、和谐共生期三个阶段。

(一)人对自然的顺从期

在人类的初期,人们对自然现象极为恐惧。对自然的恐惧意识逐渐生发出对自然的崇拜意识。人类步入了自然崇拜的历史。根据考古人类学的发现,人类自然崇拜的形式复杂多样,不同的原始部落有着各自的自然图腾以及自然神话,人类希求从自然神物那里获取神秘的力量,实现与自然界的某种力量平衡。这些自然图腾和自然神话在原始人类的意识中逐渐得到巩固,并逐渐升华为"人格化"的自然神。"人格化"的自然神的出现,反映出人类与自然界的主动分离,人类将自然神视为高于人类的"超级存在",而这些"超级存在"又是以人类的价值需要为映象塑造出来的,这就形成了古代的自然英雄形象。

自然力量"人格化",人类将认知、情感、意志等精神品性赋予自然界。这种对自然的"人格化"倾向,凝聚着先民们宝贵的生存经验与价值反思,是人类价值意识在自然界的有效投射,人类开始将神秘的自然力量情感化,

---

[①] 周国文主编《西方生态伦理学》,中国林业出版社,2017,第 210~212 页。

以求得心灵的安慰。同时，通过对自然的崇拜、祀奉，人类幻想着自然也会像人一样回馈人类以友善、恩惠。①

中国先民重视与自然的关系。中国儒家文化"天人合一"的观念强调人类与天地万物是一个同源同根、相互依存的有机整体，以此为基础形成了强调人类与万物平等、包容与"贵和"的"和合"文化价值观。"和合"文化价值观强调"贵和尚中、善解能容、厚德载物、和而不同"的宽容品格。这种文化理念提倡自然与社会的和谐、个体与群体之间的和谐。董仲舒第一次明确提出天与人"合而为一"，他在《春秋繁露》中说："天地人，万物之本也。天生之，地养之，人成之。"张载正式提出"天人合一"的命题，他在《西铭》中指出："乾称父，坤称母。"人和万物是天地所生，充塞于天地之间的气，构成人与万物的形体，统率气的变化的本性，也就是万物的本性。朱熹以"天理"为最高哲学范畴，把宇宙本体解释为"生"。他在《仁说》中指出："盖仁之为道，乃天地生物之心，即物而在，情之未发而此体已具，情之已发而其用不穷，诚能体而存之，则众善之源，百行之本，莫不在是。"即天地之"心"使万物生长化育，它赋予每一件事物以生的本质。

当然，儒家在强调"天人合一"的基础上，也强调"天人相分"。当然，"相分"不是为了征服，而是为了更好地利用自然，在规律内获得更多物质财富。"天有其时，地有其财，人有其治，夫是之谓能参。"② 人依据对天时、地利的认识而利用自然，就是"与天地参"。"三才者，天地人"，"三才之道"，即人的行为要效法自然规律。"天地变化，圣人效之""夫大人者，与天地合其德，与日月合其明，与四时合其序，与鬼神合其凶。先天而天弗违，后天而奉天时。"③ 中国的农耕文明实际上就是顺应自然的一个典型文明形态。春种秋收，顺应天令，因时而作，因势而为。"不违农时，谷不可胜食也；数罟不入洿池，鱼鳖不可胜食也；斧斤以时入山林，材木不可胜用也。"④ 以孔子、孟子为代表的儒家形成"德配天命"的政治哲学传统，把天道人心看作权力合法性的最终判据，保证了公共权力资源基本上控制在

---

① 康镇麟：《人化自然的三种样态》，《求索》2012年第3期。
② 《荀子·天论》。
③ 《周易·乾卦》，转引自余谋昌《环境哲学：生态文明的理论基础》，中国环境科学出版社，2010，第6~9页。
④ 《孟子·梁惠王上》。

具有人文关怀和道德情操的文职官员手中,反映了中国封建统治者对"天人合一"理念的践行。

孔子将维护正义秩序的思想转到人与人之间的关系方面。在伦理学方面,强调人与人的自然和谐关系。"仁"构成儒学道德体系,仁者爱人,儒家思想从"爱人"到"爱众",推及"爱物",由人及物,这一理论也适用于人与自然的关系。"仁者,义之本也。"所谓"父子亲,然后义生。义生,然后礼作,礼作然后万物安。"① 就是从"仁""义""礼"等出发,达到"万物安"的目标。儒家主张"仁爱万物",强调以和善与友爱的态度去对待天地间万物,包括善待一花一草、一树一木。道家的生态观推崇"天人合一",尊重生命,善待万物。

要制定和实施相关的环境保护法律法规,规范人类行为,限制对自然环境的破坏,保护生态系统。早在西周时期,中国就有了关于生态环保方面的系统法律规定。秦朝的《田律》是迄今为止保存最完整的古代环境保护法律文献之一,它包含了资源与环境保护的内容,涉及古代生物资源保护的所有方面。《唐律》则具体规定了保护自然环境和生活环境的措施及对违反者的处罚标准。

(二) 人对自然的征服期

与中国先民们主张"天人合一"不同,西方古希腊时期,就形成了"人是万物的尺度"的思想。近代的格言"知识就是力量",表明人类不再视自然界为神圣世界,而是将其视为人类本质力量可以自由发挥作用的对象世界。② 这与手工业社会,特别是工业社会的发展有关。人们认为,知识能够改变命运,让人更加聪明。一些思想家开始质疑传统的宗教信仰,强调理性和科学的作用。人们利用知识发明了机器,工业革命带来了大量的工厂和机器,这种方式涉及对自然资源的利用,如采矿、森林砍伐、水资源的开发等。这些机器燃烧煤炭和其他化石燃料,释放出大量的二氧化碳和其他有害物质,导致了空气和水的严重污染。同时,森林被砍伐用于建造房屋和生产纸张,生态系统遭受破坏。长期以来,人类通过开发自然资源来满足社会经

---

① 《礼记·郊特牲》。
② 康镇麟:《人化自然的三种样态》,《求索》2012年第3期。

济的发展需求，但这也可能导致资源的枯竭和生态平衡的破坏。

人们歌颂"知识"给人类带来了无穷的力量，但却以粗暴的方式对待自然。在人与自然二元对立的思维模式下，人们并没有把自然视为有机、系统的整体，而是将自然视为征服对象，对自然加以控制和利用。一方面，人们借助资本对自然力大肆破坏，他们把自然视为"僵死"的物质，而忽视了其可持续的生命力。另一方面，人们在生态利益的分享方面也出现了问题，强势群体通过资本的力量获得更多的生态利益，占有更多的生态资源，而不是保护自然力，为自然保护、生态平衡多做贡献。不同国家、少数地区和不同群体之间在占有、分配和使用自然资源过程中出现不公平，少数人、少数地区和发达国家占有和消费越来越多的自然资源，破坏越来越多的生态环境，而多数人和发展中国家却消费少量的资源、做出巨大贡献，但获得的利益却越来越少。这种环境利益的不公平、不平等状况必然要改变。

1962年，美国生物学家蕾切尔·卡逊出版了《寂静的春天》一书，揭示了工业繁荣背后的人与自然的冲突，对"征服自然"理念提出了挑战，敲响了环境危机的警钟。1972年，罗马俱乐部发表了《增长的极限》报告，指出地球的支撑力将会达到极限，引起了世人的震惊。1987年，联合国世界环境与发展委员会在《我们共同的未来》中系统探讨了人类面临的经济、社会和环境问题，提出了"可持续发展"的概念。1992年联合国环境与发展会议发布《里约环境与发展宣言》，提出可持续发展的27项基本原则。

随着科学技术的进步，人类开始利用新技术来改善与自然的关系，例如通过清洁能源减少对化石燃料的依赖、利用环保材料减少污染。对于已经受到破坏的自然环境，人类采取生态修复的方法来恢复其原有的状态，这包括植树造林、湿地恢复、土壤修复等措施，目的是重建生态系统的完整性，恢复其功能。在满足当代人需求的同时，不损害后代人满足其需求的能力。这种方法强调经济发展、社会进步和环境保护的平衡，以实现可持续发展。

为了更好地控制人类活动对自然环境的影响，各国政府和国际组织制定了一系列协议，如2015年12月12日，联合国气候变化大会在巴黎达成《巴黎协定》，以国际公约、法律的形式规范人类的行为，保护自然环境。尽管西方国家在环保意识和政策上有所进步，但在实际操作中仍面临挑战。此外，西方国家在减排方面的承诺和实际执行情况之间存在差距。

意识到过度开发带来的负面影响后，越来越多的人认为，人类应该寻求与自然的和谐共生，而不是单纯地征服或利用自然。这种观点强调人类应该尊重自然法则、顺应自然规律、实现人与自然的平衡发展。人类开始采取措施保护环境，包括建立自然保护区、实施物种保护计划、推广可持续发展的理念等。这些措施旨在减少人类活动对自然环境的破坏，保持生态系统的健康和多样性。

（三）人与自然的和谐共生期

由于认识上的偏差和粗放式发展，我国环境也一度出现恶化现象。在高消耗、高污染、高排放的粗放型经济增长模式下，我国环境出现过空气污染严重、资源枯竭、草地退化、土地沙化、江河断流、湖泊萎缩、生物多样性受破坏等现象，经济结构不合理，经济快速增长对生态环境造成了巨大压力。我国经历了人与自然的"阵痛期"到"和谐发展"期的转变。围绕人与自然的关系，中国共产党带领全国人民做了一系列艰辛的探索，不断加深对自然规律与社会发展规律的认识和把握。

1. 依靠自然环境发展生产时期：不断满足人民的温饱生活需要

新中国成立初期，农业是国民经济的基础性产业，也是解决物质需要的基础。当时农业基础极为薄弱，农作物产量不高。为了加快农业生产，党和国家十分注重兴修水利，加强水土保持，有效治理水患，在全国修建了大量的水利工程，为解决人民温饱问题奠定了基础。1957年颁布了《中华人民共和国水土保持暂行纲要》，这是我国第一部水土保持法规。但是，为了解决人口不断增长情况下人们的吃饭问题，围湖造田、滥砍滥伐现象还是普遍存在的，据《江西省环境保护志》记载，1964年江西省森林覆盖率从1949年的40.3%下降至37.3%，1976年鄱阳湖盲目围湖造田，水域面积缩小约180万亩。[1]

工业的发展程度是衡量一个国家经济发展程度的重要标志。新中国成立之初，党中央为了改变工业落后的面貌，大力推进工业发展。然而，由于当时人们对发展规律的认识不足，在发展工业的过程中，并没有注意环境污染的问题。当然，党和政府也注意到了生态恶化问题，为保护环境也曾作出了努力，比如为了改变我国缺林少绿局面，加强林业建设，明确提出从1956

---

[1] 江西省地方志编纂委员会主编《江西省环境保护志》，中共中央党校出版社，1994，第2页。

年开始,在12年内,"基本上消灭荒地荒山,在一切宅旁、村旁、路旁、水旁,以及荒地上荒山上,即在一切可能的地方,均要按规格种起树来,实行绿化"。[①] 对于工业化过程中出现的污染现象,党和政府也采取了一些举措,进行过环境污染治理。

2. 经济优先增长时期:不断满足人民由温饱向小康转变的需要

改革开放初期,有的地方政府为了招商引资发展经济,对污染性企业开绿灯;对一些企业挖山开矿等能源资源无序开采行为,睁一只眼闭一只眼;对企业与个人滥采滥伐行为不加以遏制,而是以罚代刑,一罚了之;甚至一些地方政府单纯追求GDP增长,鼓励对自然资源的开采和掠夺,以解决快速工业化过程中的能源不足难题。尤其是在制度不健全不完善的情况下,土地、森林、水资源等自然资源也遭到不同程度的破坏。

农业方面,为了提高农作物单位产量,人们使用农药化肥代替有机肥,产量较快上升,但也带来了土壤板结、农药残留、河流污染、食品不安全等问题。

20世纪90年代,随着我国工业化以及城市化的加速发展,资源消耗不断攀升,环境保护日益彰显其重要性和紧迫性。20世纪90年代初,"中国环境状况总体上已与发达国家污染最严重的20世纪60年代相仿"。[②] 一些企业为了获取更多利润,采取高能耗、高投入的发展方式,导致高排放、高污染。污水大量排放且处理率很低,使得本就短缺的淡水资源污染严重。生态环境恶化趋势使得中国面临发展瓶颈。在这种情况下,走清洁生产的道路是防治工业污染的必由之路,是实现可持续发展的必然要求。

总体看,从改革开放到21世纪初期,我国经济发展保持快速增长态势,环境保护也取得了较大的成效。但是相比较来说,经济建设还是优先于环境保护。绿水青山的保护总是在服从于经济社会发展速度的基础上进行。虽然也进行了一系列治理,但这一时期还停留在末端治理阶段,生态保护也存在瓶颈,无法跨过"GDP考核论英雄"这一关。政府也注重利用先进科学技术改进技术设备和开发新能源、新材料等以减少环境污染问题,提高资源利用率,有效保护好生态环境,但是没有从经济、政治、社会、文化和生态的

---

① 《毛泽东文集》第6卷,人民出版社,1999,第509页。
② 《中国环境年鉴》编辑委员会编《中国环境年鉴1994》,中国环境科学出版社,1994,第39页。

系统性、功能性相协调的角度提出建设方案。

3. 生态与经济并重的发展阶段：尊重自然与不断满足人民生态利益需要的统一

中国经济发展进入新常态后，要想加快解决出现的一系列生态问题及其引发的社会问题，就必须要促进绿水青山向金山银山的转换。这种转化提供新思路，为正确处理好经济发展和生态保护之间的关系，处理好局部利益与整体利益、短期利益与长远利益的关系提供了指导方向。党的十九大报告将"坚持人与自然和谐共生"作为新时代坚持和发展中国特色社会主义的基本方略之一，为绿水青山向金山银山转化提供了遵循。

党中央不断推动生态文明建设走向深入，彰显出生态文明建设的自觉性。2020年，财政部、生态环境部等四部门联合发布《支持引导黄河全流域建立横向生态补偿机制试点实施方案》，探索建立黄河全流域横向生态补偿标准核算体系，为资金分配、使用与目标考核等提供依据。2020年12月，第十三届全国人民代表大会常务委员会通过《中华人民共和国长江保护法》，为长江流域生态环境保护和修复，促进资源合理高效利用提供了基本遵循。当前，党中央从"五位一体"总体布局出发，以绿色发展理念引领社会全面发展，将其融入经济建设、政治建设、文化建设、社会建设的全过程与全方面。在经济建设层面，实施绿色发展，鼓励生态农业、生态旅游业发展，依靠科技创新破解绿色发展难题，走一条高科技、高效益、低污染、低消耗、低排放的新型工业化道路。在政治建设层面，打破以GDP标准选拔干部的模式，建立责任追究制，健全绿色政绩，"形成政府主导、部门协同、社会参与、公众监督的新格局"[1]，推动绿色发展各项政策的具体落实。在文化建设层面，树立人与自然和谐共生理念，实现生态思维方式的转变与人的自我革命，确立新发展理念，将绿色发展理念贯穿于"四个全面"的各个领域。在社会建设层面，倡导共同参与，推动在全社会形成绿色发展方式和绿色生活方式，"倡导简约适度、绿色低碳的生活方式，反对奢侈浪费和不合理消费"[2]。总而言之，我国将生态文明融入经济、政治、文化、社会各领域中，进行全方位的布置与落实。从制度顶层设计到个人行为规范培育，从政府主

---

[1] 《绿水青山就是金山银山——关于大力推进生态文明建设》，《人民日报》2016年5月9日，第9版。

[2] 《习近平著作选读》第2卷，人民出版社，2023，第42页。

导到人人参与,从"事前预防""事中监督"到"事后评价"等一系列全过程的改革,使"整体保护、系统治理、有机推进"成为新时代生态发展的鲜明特征。只有这样,才能真正破解发展与保护的难题,实现尊重自然与不断满足人民生态利益需要的统一。

第四章 当前环境正义中存在的问题及其原因探究

当前,全球气候正在变暖,冰川融化,海平面也在不断升高,不仅影响到沿海国家人民的生命财产安全,也直接威胁到生物多样性。发达国家凭借其先进的科技和经济实力,享受高质量的生活环境。而最不发达国家和小岛屿国家,却被迫在海平面上升、污染严重、基础设施匮乏的严峻环境中寻求生存机会。

纵观新中国成立以来在处理人与自然共同体关系上的历史演变,发现我国在对待环境方面也有认识上的发展转变过程。由于人们认识与生产方式上的问题,自然力也曾遭到过巨大的破坏。我国一度使用高耗能、高污染的方式进行工业生产。在农村,为了农业增产高产,农民大量使用化肥而抛弃有机肥,结果农产品增加了,面源污染却严重了,工业产品多了,环境质量却下降了。综观污染事件,其真正根源无不与对自然资源的占有方式以及在此基础上形成的生产方式有关。改变不合理的生产方式,需要规范人们的行为,改变粗放生产方式,树立对自然的敬畏感,明确人们的道德责任和义务,将生态保护意识转变为人们的自觉行动。

第一节 环境正义中存在的问题

西方传统的观点认为,自然界不是一个有机体,而是一架机器或一座材料库,它受到人类理性的"评判"。在生产过程中,人们按照理性成本对自然资源进行取舍,把对人类无用的自然进行抛弃,对有用的进行掠夺。"正是凭依这种组织化的力量,人类与自然之间的关系才摆脱原始的素朴关系而进入相对疏离状态。人类的个体对于自然而言是相当渺小的,但组织起来的人类力量却是人类进步的关键一步。"①

（一）对自然力的"漠视"造成人与自然关系的紧张

在自然力发展过程中，自然受到人类所谓"理性"的制约。对利润的追求以及以资本为中心的价值理念是导致人对自然轻视的主要原因。无论是生态保护还是企业发展，资本扩张到这些领域，最终导致对自然的轻视。自然被视为无生命的物质材料，劳动者也被视为工厂机器中的一部分，成为生产、生活的"奴隶"。传统发展观追求物质财富的增长而不顾及工人的生产、生活环境，没有把工人当作平等的人看待，而是作为资本的附属物，甚至是消费的对象物来对待。在本·阿格尔看来，消费本来应为人们提供更舒适的生活，满足人们合理的需求。然而，这种充满意义的消费却异化为对劳动者主体性的压抑。为了创造利润，资本家关注生产成本甚于关注劳动者生命本身。人们从消费中寻找"可怜的快感"，作为对机械、呆板、麻木劳作方式的一种"反叛"。消费成了主体性张扬的唯一标识，而这种异化了的消费需求，最终会导致对自然资源的过度消耗。在资本逻辑下，自然没有了生命价值，自然力、工人都沦为金钱的奴隶。相反，无生命的金钱却极受追捧与崇拜。其实，人自身也是双重主体，不仅是物质的存在，也是精神的存在，不仅需要物质权益，也需要生态权益。任何偏离一方的行为都将导致严重后果。②

而作为追求利润的技术工具，科技是科学（认识自然）与技术（改造自然）的统称，科技与理性的结合，加快了对自然环境的随心所欲的控制，加速了对自然的掠夺，"祛魅"时代人们对自然少了一些敬畏感，相反，却激发了占有欲。不管自然界本身的生命力有多强，自然界本身有多美，情感、有机联系等都被剔除掉了，剩下的就是成本与利益。在此基础上建立起来的市场经济就是这种交易的反映，这种"隐藏在现象背后的价值追求和思维方式"与自然本身的有机性、整体性和系统性格格不入。在人类与自然的关系中，人们所具有的价值观念是一切实践行为的出发点和落脚点，资本对物质的追求，超过了生命力本身的发展程度。自然资源随着科技、资本的扩

---

① 薛勇民、张建辉：《环境正义的局限与生态正义的超越及其实现》，《自然辩证法研究》，2015年第12期。
② 虞新胜、陈世润：《再论环境正义》，《自然辩证法研究》2017年第9期。

张趋于衰退。

美国环境伦理学家霍尔姆斯·罗尔斯顿认为,大自然承载着生命支撑价值、经济价值、消遣价值、审美价值、历史价值、生命价值等 14 种价值。然而,"相当一部分地区、相当一部分群体只看到自然资源的经济性价值,而看不到自然资源的其他价值"。① 美国哲学家、诗人爱默生认为,这个自然不是资产阶级疯狂掠取的能带来滚滚财富的自然,不是只有实用价值的自然,而是能唤醒人们精神生命的、使得人类得以新生的自然。②

为了实现经济价值,人们在初始阶段就把生物的生命力扼杀在胚胎里。在利润的追求中,资本占有更多的自然资源。资本主义制度下的资本对自然的干预方式是一种分解方式,即自然被分割为不同的部分,分别用在不同的地方,发挥不同的功能,从而实现配置和利用最大化,而其系统性、有机性和整体性被抛弃于一边。自然系统内部各要素、区域结合成一个整体,其各要素、各区域的能量分布和物质交换也有其规律性,而资本破坏其内在联系性,使自然丧失有机性,自然物质成为被资本所重新审视过的无生命的物质材料的"宝库",随时可以取舍,随时可以利用。由于污染的日渐严重,现在连空气、水等原来并非稀缺的自然物都成为稀缺物,由于稀缺性,自然成为经济学研究的对象。人们开始把空气、水等也纳入资本追求利润的范围。资本对空气、水也开始了投资。高兹批评资本主义的生产、生活方式是"没有明天"的生产、生活方式。只要有资本加入,人们就把它作为利润的对象进行竞争与追逐。优质的生态环境是自然界赋予的,也是人类精心维护的产物,它既彰显了自然对人类生存与进步的慷慨馈赠,也反映了人类多元主体间复杂的利益交织关系。当生态要素变得稀缺,并吸引产业资本投入以寻求利润时,生态产品便具备了商品的特性,它就成为资本家投资获利的对象,成为新的利润增长点。

我国已经实现社会主义生产资料公有制度,从制度上消除了产生环境问题的根源,但我国部分地区环境污染问题仍然存在,发展不平衡不充分的问题仍然没有得到根本解决。一方面,由于缺少监管,部分企业对自然资源无序开发或掠夺。在追求 GDP 的理念影响下,环境一度受到破坏。例如,随

---

① 曾建平:《环境公正:中国视角》,社会科学文献出版社,2013,第 35 页。
② 〔美〕拉尔夫·沃尔多·爱默生:《自然沉思录》,博凡译,上海社会科学院出版社,1991,第 1 页。

着经济的快速发展，资源消耗速度加快，导致了水土流失、森林面积减少等；工业化进程中产生的废弃物和污染物被排到空中或者随意倾倒，对环境造成了严重影响；由于过度开发和对自然资源的过度利用，许多地区的生态环境遭受到了不可逆的损害。另一方面，一些污染性企业转移到乡村，乡村的环境问题被忽视。当然，人们对于环境保护的意识还比较弱，对于公共利益的关心程度还不够强，生态的生活方式还没有养成，这也是环境问题产生的一个重要因素。

在一些农村，为了节约成本、提高粮食产量，有些农民使用化肥，使用除草剂和农药，对田埂沟壑进行硬化等，导致农村面源污染日趋严重，生物栖息地遭受破坏。从长远来看，化肥农药会导致土壤性状恶变，产品质量降低。

（二）自然无法承载"污染之重"

以资本为中心的生产方式和对利润的追求使得人们对自然生命生存环境"漠视"。人们肆意排放污染物，而"漠视"他人的生存环境或生存空间。

在资本主义生产方式下，自然资源变成了"僵尸物质"，资本逻辑扼杀了自然力。资本对自然力的扼杀，体现在对经济理性的崇拜上。从本质上看，生产中的经济理性就是工具理性，其终极目标就是发挥这些组织系统的合理功能，目的是积累金钱，创造利润。[①]福斯特认为，环境经济学家给自然界估算成本的三步走是这样的：第一步，将环境分解为某些特定的物品和服务；第二步，通过建立供求曲线设定这些物品和服务的市场价格；第三步，为实现理想的环境保护水平设置各种市场机制和政策以改变现有的市场价格或者建立新的市场价格。[②]其实，生态环境的价值是多方面的，是整体性的。生态环境所具有的内在价值是不能简化为市场价值的。

自然力被剥离了有机整体，成为孤立的存在物。在社会分工下，资本主义生产方式是以交换价值为基础的生产方式，也是以资本为基础的生产方式。资本主义生产方式不以使用价值为主要目的，而是以抽象价值为追求目标。在前资本主义社会，社会存在简单的商品交换，拥有不同使用价

[①] 解保军：《生态资本主义批判》，中国环境出版社，2015，第85页。
[②] 转引自解保军《生态资本主义批判》，中国环境出版社，2015，第97页。

值的商品所有者进行等价交换，以满足人们对物质的需求，交换的目的是对商品使用价值的消费。"简单商品流通——为买而卖——是达到流通以外的最终目的，占有使用价值，满足需要的手段。"① 在资本主义生产下，使用价值普遍以交换价值为媒介，资本家追求的不是商品使用价值，而是交换价值。不通过交换，就等于没有任何价值。因此，它以充分发展的社会分工为前提，在企业内部也进行精细分工，整个生产成为彼此制约和交互产生的过程。在这种分工下，自然资源也成为"僵死"的物质并参与进来。

古典自由主义经济学强调自由竞争、自主经营、自由贸易等，认为一个社会越是在结构上专业化和分散化，这个社会就越是现代化。在精细化分工下，自由主义者建立成本—收益分析法，将自然、环境纳入生产要素之中，即便是环境污染，自由主义者还是相信科技会解决这个问题。如果资源变得短缺，人们将提供替代品，如对于白色污染问题，人们可以从生物降解塑料等有机产品中赚钱。

而"生态资本主义"理论主张把市场原则扩展应用于自然资源，甚至对空气、水也进行市场化运作，希望在现存资本主义制度下应对生态环境的挑战。在生态资本主义者看来，生态与工业经济之间不存在对立与冲突，当"自然资源"快耗尽时，它的稀缺性会导致价格升高，这样会鼓励企业家或科技人员发明替代性物品，或提供类似的商品或服务，资本家也会通过成本核算而节约资源。因此，这种理论主张用污染许可证、碳排放税等手段来治理环境污染。这种理论认为，资本主义制度并不具备破坏生态环境的先天倾向，它可以在生态环境压力下，改变自己的形态。当然，有些"自然礼品"还是无限的，如阳光、海水、地热、风力、潮汐等，资本家不必为此而担忧。这种理论认为技术在处理环境问题上作用巨大。② "生态资本主义"的基本理念是：人类社会应当扩大"资本"的范围，从生态学的视角出发重新审视"资本"的含义，赋予资本以生态维度。③

生态社会主义明确反对现代主义理论，反对依附性发展，主张可持续发展和生物区域主义的独立发展模式。因为现代主义理论只看到单线发展，没

---

① 《马克思恩格斯全集》第23卷，人民出版社，1972，第173页。
② 解保军：《生态资本主义批判》，中国环境出版社，2015，第5~7页。
③ 解保军：《生态资本主义批判》，中国环境出版社，2015，第2页。

有看到相互制约的发展，看到自由贸易促进了过剩财富的积累并加剧了地区间差距，没有看到自然承受不了这样的财富积累和污染的积累。① 从市场角度来看，自然界速生林取代原始森林，结果出现了品种单一、树龄统一、化肥助长的人工森林。人工森林在短期内成为商品林，一旦它们遇上虫灾，就会导致灭顶之灾。这样也是破坏系统性的一个例证。生态学趋异定律告诉我们，在一定区域里生命形式越多，可获得的生态小环境越多，该地区支持生命多样性的能力就越强。相反，森林商品化导致的是森林生态的极端退化。②

绿色分子还是接受了马尔萨斯主义的增长极限论，主张在自然的界限中生存，认为自然环境的界限决定着对生产可能性的限制。绿色分子几乎一致地接受了增长极限构成所有人类活动的前提的观点，主张服从自然法则的变革。③ 绿色分子科尔认为，工业化是一个错误，因为它会通过环境退化的成本导致再生产能力的丧失。无限制消费理念加快了对自然资源的剥夺与消耗。阿格尔认为，资本主义未来社会革命的爆发不再产生于劳动领域，而是发生在消费领域。生态危机已经取代经济危机而成为资本主义的主要危机，遭受生态危机的是"生态难民"④。当然，绿色分子指出西方工业化道路的弊端，值得肯定，但他们并没有分析造成这一后果的深层原因。

在我国，改革开放以来，工业用水增长速度较快，未来工业用水需求压力大。矿产资源消耗增长较快，金属产品的自给能力逐渐削弱。我国化石能源消耗比例仍然较大，非化石能源消耗比例上升缓慢。与此同时，化石能源带来的工业污染也没有得到根本控制。虽然对水污染、空气污染等污染问题进行了治理，但复合型污染问题仍然存在。⑤

农村的环境价值被严重低估，包括村民在内的社会主体还未成为环境决策的直接参与力量，也没有建立合理的农村环境诉求反馈机制。在生态保护的话语权方面，农村环保经验和环保文化没有得到应有的重视，农村的环保

---

① 〔英〕戴维·佩珀：《生态社会主义：从深生态学到社会正义》，刘颖译，山东大学出版社，2012，第29页。
② 解保军：《生态资本主义批判》，中国环境出版社，2015，第78~79页。
③ 〔英〕戴维·佩珀：《生态社会主义：从深生态学到社会正义》，刘颖译，山东大学出版社，2012，第49页。
④ 解保军：《生态资本主义批判》，中国环境出版社，2015，第14页。
⑤ 杜祥琬等主编《生态文明建设的重大意义与能源变革研究》第1卷，科学出版社，2017，第7~23页。

组织和力量也没有得到有效培育。①"农村处于环保法律法规的边缘,农民自我保护意识相对较弱,农村和欠发达地区又面临着环境信息的稀缺性和不对称性。作为'经济人'的企业依据'最小抵抗路径'原则容易向农村和欠发达地区转移污染。"②

(三) 对弱势群体的生态利益的忽视

弱势群体无法分享生态利益,导致人与人关系紧张。人们一直从物质方面来理解贫穷者所受到的伤害,如物质生活的贫困和匮乏、物品和资源分配的不公、身体受到的伤害等,而很少考虑对大自然和自然力的持续性的伤害。在资本主义社会,人们往往根据资本的多少进行产品的分配,却没有关注为自然力保护作出贡献的弱势群体;对保护环境和自然力的人们不予以利益的分享,对破坏环境和自然力的人不进行惩罚。分配必须是在大自然可持续发展基础上才有可能,利益分配应照顾到弱势群体。

在渔猎社会,人们靠狩猎、捕鱼、畜牧或者靠耕作生活,利用弓箭射杀野兽,利用刀叉捕鱼,所获之物全部是自然产品。由于落后的生产方式,他们不能获得更多生态产品。他们的产品在家庭或部落中进行分配,以共有为主。在这种情况下,"自然界起初是作为一种完全异己的、有无限威力的和不可制服的力量与人们对立的,人们同自然界的关系完全像动物同自然界的关系一样,人们就像牲畜一样慑服于自然界"。③

而到了农业社会,人们使用青铜器和铁器进行劳动,劳动是在一个宽广得多的地盘上开始的,所获之物为大米、小麦等产品。在物资分配上,奴隶主、地主拥有更多的劳动产品,奴隶、农民获得很少的一部分劳动产品。由于生产力不发达,人们从土地上获得的产品也仍然不多,不可能会伤害到自然。"这种所有制像部落所有制和公社所有制一样,也是以一种共同体为基础的。但是作为直接进行生产的阶级而与这种共同体对立的,已经不是与古

---

① 雷俊:《城乡环境正义:问题、原因及解决路径——基于多维权力分布的视角》,《理论探索》2015 年第 2 期。
② 曹卫国:《我国环境正义问题及成因的多维分析》,《福州大学学报》(哲学社会科学版) 2018 年第 5 期。
③ 《马克思恩格斯选集》第 1 卷,人民出版社,2012,第 161 页。

典古代的共同体相对立的奴隶,而是小农奴。"① 分配中虽然有阶级差别,但是统治阶级获得的财物也不能用来扩大再生产,而只能在有限范围内进行一定的财富(主要以贵金属形式存在)存储,对自然的破坏并不大。也就是说,在农业社会,个人受自然界的支配,他们通过某种联系——家庭的、部落的或者是地区的联系而结合在一起,财产也直接与自然联系。交换主要是在人和自然之间交换,即以人的劳动换取自然的产品。交换的内容也主要是商品的使用价值,而不是商品的价值。因此,还没有出现生态环境的弱势群体。

而到了工业社会,由于机器化大生产的出现,人们的生产能力有了较大发展,特别是电力的使用和现代信息技术的出现,更加强化了人们征服自然的能力。这时候,生产的扩大使得资本家拥有更大的能力操纵自然,从自然资源中获得更多的能量,人与自然的异化也越来越严重。从资本逻辑来看,自然物质必须作为生产中独立的条件,而"劳动始终处于同样的无对象性中,只是劳动能力"②。资本主义生产方式就是不断扩大再生产,不断积累财富。在不断积累中,主客体颠倒了,不是"物"为"人"服务,相反,是"人"为"物"服务,资本主义生产方式是"死劳动对活劳动的统治。""因此资本家对工人的统治,就是物对人的统治,死劳动对活劳动的统治,产品对生产者的统治……这是物质生产中,现实社会生活过程(因为它就是生产过程)中,与意识形态领域内表现于宗教中的那种关系完全同样的关系,即主体颠倒为客体以及反过来的情形。"③

在工业社会,强大的机器等生产工具使得人们掌握自然资源的能力得到巨大提升。由于无产阶级缺少作为工具物的生产资料,只能依附于资本而生存,因而他们所获得的资料也就仅仅维持自身的生存,所分享的也仅仅是消费产品。他们被束缚在肮脏、有毒的工作环境中,劳动者不能选择环境,也不能分享美好环境。他们只能听从于资本的安排。"贫困人群却没有能力选择生活环境,更无力应对污染带来的健康损害。"④ 贫困人群不能分享到优质生态环境,相反,还遭受到来自机器噪声、电子产品的辐射等的环境威胁。

---

① 《马克思恩格斯文集》第 1 卷,人民出版社,2009,第 522 页。
② 《马克思恩格斯全集》第 47 卷,人民出版社,1979,第 124 页。
③ 《马克思恩格斯文集》第 8 卷,人民出版社,2009,第 469 页。
④ 曾建平:《环境公正:中国视角》,社会科学文献出版社,2013,第 124 页。

个人相互的交往的条件"是与他们的个性相适合的条件,对于他们来说不是什么外部的东西;在这些条件下,生存于一定关系中的一定的个人独力生产自己的物质生活以及与这种物质生活有关的东西,因而这些条件是个人的自主活动的条件,并且是由这种自主活动产生出来的"。① "这些不同的条件,起初是自主活动的条件,后来却变成了自主活动的桎梏"。② 更为严重的是,对贫困人群的剥夺还不是一次,而是在资本运动中不断进行。因为资本家追求的不是商品的使用价值,而是商品的抽象价值。消耗的自然资源越来越多,破坏得也越来越严重。遭受环境污染的弱势群体大量出现。

工人的生命力被忽视。劳动者也被视为工厂机器中的一部分,成为生产、生活的"奴隶"。在资本主义社会,这种消费异化成为对劳动者主体性的压抑。为了创造利润,资本家关注生产成本甚于关注劳动者生命本身。当前技术的发展不断突破自然资源的时空限制,使上亿年来形成的资源在较短时间内就被使用完,资本对自然形成了强势控制。为了利润,这种技术还不断改变生物自身存在的固有规律,缩短其生命周期,如通过技术改变食品的生长基因,扩大商品种类;通过技术不断加速生物的繁衍频率,制造速成产品;等等。这些技术成果在为更多的人们提供便利的同时,也带来了更大的风险。如今的垃圾食品泛滥、生物基因的突变等正在不断威胁着广大群众的健康,广大群众成了生态问题的受害者。承担这一恶果的主要还是贫困国家和弱势群体,他们中的多数无钱医病,无钱购买环保产品,也无法进行生存转移。

当前,随着工业向农村转移,我国一些小型企业或作坊式的工厂往往缺乏有效的环保措施,排放的废水、废气、废渣直接污染了农村的自然环境,给当地居民的生活质量和身体健康带来了严重威胁。城市中低收入家庭同样面临着环境污染的挑战。一些老旧社区的基础设施建设相对滞后,排水系统不完善,垃圾处理能力不足,环境被污染。

我国地方政府对环境治理非常重视,也花大力气治理环境污染,保护人们的生态利益。但是,从治理方法来看,仍然存在生态治理碎片化现象。从治理效果来看,治理不符合生态规律、不尊重自然规律,主观性随意性很

---

① 《马克思恩格斯文集》第 1 卷,人民出版社,2009,第 575 页。
② 《马克思恩格斯文集》第 1 卷,人民出版社,2009,第 575 页。

强。整体的生态治理尚未展开，仍停留在协同治理的初级阶段。从城乡来看，城乡协调发展仍然存在各自为政的局面。

一些地方政府往往过于注重短期的经济利益，而忽视了生态环境的长期价值，导致一些高污染、高能耗的企业在地方落地生根，严重损害了当地居民的生态权益。特别是在一些经济相对落后的地区，为了吸引投资，有的地方政府甚至不惜以牺牲环境为代价，为污染企业大开绿灯，导致一些企业在农村乱排乱放污染物。

（四）弱势群体无法表达利益诉求

环境正义运动最早来自美国有色人种对垃圾处理场选址行为的抗争。1982年，北卡罗来纳州的瓦伦县非裔美国人和低收入白人，反对政府在此修建一个垃圾处理场，并与警察产生冲突，当局逮捕了400多人。最后，抗议以失败而告终，但这件事促使了环境正义运动的兴起。1987年，联合基督教会争取种族正义委员会就少数民族和穷人社区面临的环境问题发表了一篇《有毒废弃物与种族》的研究报告，指出美国社会底层的环境不公正问题。1991年10月，在联合基督教会争取种族正义委员会的资助下，首届全美有色人种环境保护领导人峰会在华盛顿召开，会议关心的是保证公众健康的条件。环境正义运动推动了环境立法和人们对弱势群体环境权利的重视。[1]

对于利益表达，弱势群体没有畅通的渠道，而是受尽歧视、压制。从成本来说，这些贫困地区用于堆放污染物或销毁污染物所花费的成本最低，受到的阻力最小，因此也更符合"经济规律"。甚至有些西方学者认为，这种垃圾倾倒是最节省成本的，也最符合经济规律，因此，这种对弱势群体的"侵犯"具有合理性。在国际上也是如此，一些发达国家"或者赤裸裸地站在西方发达国家既得利益的立场上，鼓吹为了维护'富国'的现有生产方式，不惜牺牲'穷国'的生存权利，或者以'全球问题''环境共有'为名，粗暴地干涉发展中国家按照本国的环境与发展政策开发利用本国的自然资源的权利，反对发展中国家加快发展本国的经济和技术"。[2] 这种强权逻辑实际上是西方霸权主义思想在生态方面的一个缩影。

---

[1] 曾建平：《环境公正：中国视角》，社会科学文献出版社，2013，第96~99页。
[2] 曾建平：《环境公正：中国视角》，社会科学文献出版社，2013，第61页。

第四章　当前环境正义中存在的问题及其原因探究

正义要求所有人能表达他们的需要。民主决策程序是社会正义的有效构成要件，积极的公民参与是民主运转的有效动力。有学者认为环境问题更重要的是权利被破坏的问题，如各种发展计划，包括灌溉和水利等，没有征求本地民众的意见，本地人民根本没有知情权以及表达不同意见权，所以治理环境的过程就是把权力交给下层人民群众的过程。[①]

在国际上，发达国家蔑视发展中国家的人民生存权利。1994 年，印度生态主义者古哈在《激进的美国环境保护主义和荒野保护——来自第三世界的评论》文章中，表达了第三世界要求实现"环境正义"的呼声。西班牙阿里哀提出"穷人环保主义"概念，提倡"反对因不平等交换、贫穷、人口增长而导致的环境恶化"。温茨在 1988 年出版的《环境正义》中从分配正义的诸理论出发，提出在利益稀缺和负担过重时应如何进行分配的问题。[②]

发展中国家面临环境与经济、现代化与全球化、人口与资源等压力，他们在为发达国家提供廉价的资源的同时，也受到发达国家的环境指责。如何缓解这个双重压力？联合国粮农组织总干事萨乌指出："真正的敌人是贫穷和社会不平等。怎么能让饥饿的人们在生存都无法保障的情况下，来保护自然资源和环境，以及为后代创造财富呢？"[③] "人们除了会因为环境利益和负担的不公平分配而激发不正义感之外，同样也会因感到自身的尊严和价值没有得到应有的承认或被扭曲的承认，而激起对于正义的渴望。"[④]

在我国，农民和农民工在环境方面维权也存在困难。他们往往因经济、文化、社会地位等多重因素的限制，难以有效维护自身在环境方面的合法权益。在维权渠道与维权能力方面，农民、农民工与城市居民群体还存在较大的差距。在工厂里，农民工的生存环境较差。有的地方政府在环境决策时也主要倾向于城市，农民没有渠道参与和表达，因此，农民和农民工的呼声难以对环境政策产生影响。

信息不对称也是环境维权中面临的一大难题。一些地方政府和企业为了自身利益，往往对环境污染信息进行隐瞒或淡化处理，使人们难以获取真实

---

① 郇庆治主编《重建现代文明的根基——生态社会主义研究》，北京大学出版社，2010，第 247 页。
② 转引自曾建平《环境公正：中国视角》，社会科学文献出版社，2013，第 100 页。
③ 转引自王正平《发展中国家环境权利和义务的伦理辩护》，《哲学研究》1995 年第 6 期。
④ 王韬洋：《环境正义的双重维度：分配与承认》，华东师范大学出版社，2015，第 23 页。

的环境信息。在这种情况下，人们往往无法准确判断自身所处的环境风险，更难以采取有效的应对措施。

在维权渠道方面，人们也面临着诸多障碍。一方面，由于法律知识的缺乏，人们往往难以通过司法途径来维护自己的环境权益。即使他们愿意提起诉讼，也往往因为证据不足、诉讼周期长、费用高等原因而不得不放弃。另一方面，一些地方政府在环保执法中可能存在执法不力或偏袒污染企业的现象，导致人们的环境权益无法得到及时有效的保护。此外，由于缺乏有效的公众参与机制，人们在环保决策中的话语权被削弱，难以表达自己的诉求和意见。

第二节　环境非正义的原因探究

（一）自然力的人为阻断：生态保护的体制机制条块分割

人的组织方式是按照资本理性来组织安排的，以利润为中心，而不是以生态理性来安排的——管理成本得以降低，这样的组织安排就会影响自然力的生长。马克思指出："全部人类历史的第一个前提无疑是有生命的个人的存在。因此，第一个需要确认的事实就是这些个人的肉体组织以及由此产生的个人对其他自然的关系。"[1] 生态利益矛盾来自人们不断增长的多层次、多方面的生态利益需求与大自然所能提供的生态产品供给之间的不协调，以及人与人在生态利益分配中的不公平。[2] 一方面，大自然提供优质的生态产品和生命型公共物品，受自然生态功能完整性的影响；另一方面，人们在改造和利用自然过程中的组织方式、生产方式及相应的分配方式等也影响到生态利益的实现。"一定的生产方式或一定的工业阶段始终是与一定的共同活动方式或一定的社会阶段联系着的"，[3] 也即生态利益的实现不仅涉及人与自然的依存关系，也涉及人与人之间的生产分配等关系，而归根到底还是涉及人与人之间的关系。

---

[1]《马克思恩格斯选集》第 1 卷，人民出版社，2012，第 146 页。
[2] 虞新胜：《生态利益实现的制度困境及其破解》，《长白学刊》2021 年第 4 期。
[3]《马克思恩格斯选集》第 1 卷，人民出版社，1995，第 80 页。

1. 生态利益的形成受人类生产方式的影响

人是自然界的一部分，应服从于自然规律，"我们连同我们的肉、血和头脑都是属于自然界和存在于自然界之中的"，① 但人又通过劳动实践作用于自然界，通过劳动从自然界获得自身生存与发展的生活资料和生产资料。"动物仅仅利用外部自然界，简单地通过自身的存在在自然界中引起变化；而人则通过他所作出的改变来使自然界为自己的目的服务，来支配自然界"。②

如何改变自然以使其更好地服务于人类的需求？在近代西方社会，资产阶级以资本为中心组织生产，资本对利润的追求目标使得他们不断向自然索取而忘记了"往后和再往后的影响"。私有制下的资本运行基本上都是采取分解方式，将有机系统的自然资源分割为不同部分，配置到最有效率的地方进行整合，而自然资源本身的内在联系被忽视。这种基于因素分解方法而采取的生产组织方式，实现了资源利用最大化和经济利润最大化。然而，生态利益的生产以整体而不是以部分为考量，生产组织方式应有系统性而不是只注重局部，应以长远而不是以短期利用为基础。忽视生态利益整体性、系统性和有机性特征，必然会导致生态利益的损害。恩格斯以19世纪美洲森林的损毁为例，指出西班牙的种植场主们为了得到作为肥料的木灰而焚烧森林，引起水土流失。他指出："西班牙的种植场主曾在古巴焚烧山坡上的森林，以为木灰作为肥料足够最能盈利的咖啡树施用一个世代之久，至于后来热带的倾盆大雨竟冲毁毫无掩护的沃土而只留下赤裸裸的岩石，这同他们又有什么相干呢？"③ 正是基于对利润的追求和对自然环境的其他功能的忽视，资本家使地球上的环境不断恶化，影响到大多数人的生态利益。

在我国，生产组织方式一度也没得到科学重视。由于生态系统的整体性和公共性特征，对于生态问题的解决，必须要有一个整体性的协调安排，需要一个强有力的超经济体的政府组织协调。要防止一些人利用良好环境而获得额外利益，而另一些人只有付出而没有获得相应报酬的现象；防止一些既得利益集团为了追求自己的利益，而将生态成本和生态风险转嫁给社会或其他群体，他们取得了相应的经济利益，却没有承担应当支付的成本；防止当

---

① 《马克思恩格斯选集》第3卷，人民出版社，2012，第998页。
② 《马克思恩格斯全集》第26卷，人民出版社，2014，第768页。
③ 《马克思恩格斯选集》第4卷，人民出版社，1995，第386页。

代人破坏生态，下一代人承担恶果的行为。在市场经济条件下，有的地方政府为了政绩和地方经济发展，不惜牺牲环境利益招商引资，无论是污染性企业还是高耗能企业，只要能够给地方带来经济利益，都引进来，长远利益和整体利益被忽视，造成环境风险的日益增加。

"经济人"理性使企业以"最小抵抗路径"原则向农村和欠发达地区转移污染，导致农村生态环境中自然力受到影响。生态环境作为公共品，具有非排他性，生态环境的利用、保持与维护具有强烈的外部性。

2. 生态利益的生产受政治制度和政治决策的影响

经济基础决定着上层建筑，上层建筑也反作用于经济基础。"以资本为中心"建立起来的资本主义制度及其政治组织方式，越来越难以适应生态文明建设的内在要求。众所周知，自然资源是有限的，其恢复能力也是有限的，而资本的本性是无限扩张的，哪里有利润，资本的触角就会伸向哪里。自然资源的再生能力无法适应日益扩张的资本的节奏与速度，而作为资本利润维护者的政治制度，也无法满足生态发展的内在要求。在资本主义社会，资本主义的政治制度是围绕"天赋人权""分权制衡""社会契约论"等思想建构起来的，本身就割裂了生态系统的完整性、有机性和系统性规律，为资本增殖服务，维护的是资本家的私人利益。资本主义制度本质上是资产阶级进行政治统治和社会管理的方式与手段，维护着整个资产阶级的利益。生态利益的生产需要系统性治理、整体性保护、有机性发展，维护的是人民的公共利益，需要以系统安排为原则，秉持共建共享理念。因此，这种以利润追求为目标，忽视自然生长规律的政治制度与体制安排，是不可能进行远景规划和长远考量的。事实证明，以"分权"为特征的资本主义政治制度安排已经越来越不能适应生态利益的整体性发展。

在我国，一些地方政府为了发展生态旅游或生态经济，从上而下进行环境整治，但一些干预自然发展规律的人工景点大量出现，这种违背自然规律进行所谓的治理，都导致对农村生态的伤害。[①] 从环境管理的机构设置上，我们可以发现农村环境管理机构匮乏，在乡一级几乎没有成立正式的管理机构，村委会更是因为资金和人员的缺乏而难以开展环境治理。由于农药化肥

---

① 曹卫国：《我国环境正义问题及成因的多维分析》，《福州大学学报》（哲学社会科学版）2018年第5期。

的不合理使用以及企业非法排污,部分地区的土壤无法耕种。

3. 生态利益的消费受消费方式和消费文化影响

生产决定消费,消费反过来也影响生产。从消费角度看,一方面,产品只有在消费中才能成为现实的产品;另一方面,消费也创造出新的生产需要。"生产为消费创造作为外在对象的材料;消费为生产创造作为内在对象,作为目的的需要。"① 从这个意义上说,生产与消费应该是一致的、统一的。然而,在私有制下,为了获得更多利润,资本家往往无计划盲目地生产商品,导致商品积压、浪费严重的经济危机。为了刺激人们不断地消费,从而维持生产、获取利润,资本家往往利用广告等媒体不断地宣传"越快越好""越新越好""越贵越好"等消费理念,引导人们只关注产品的使用价值而忽视其审美价值,只关注产品的物质价值而忽视其精神价值,只关注产品的数量而忽视其质量。这种注重短期利益与眼前利益,不顾生态环境的长远利益、整体利益的消费主义思潮普遍存在,支配着人们的日常消费行为。快餐式消费、奢侈消费成为人们的日常习惯与时代潮流。"大量生产—大量消费—大量废弃"的生产、消费模式已经使地球不堪重负。

4. 生态制度还有待于进一步严格规范

社会主义实行公有制,然而这并不能排除环境问题,当然,原因是多方面的,与社会主义初级阶段生产力还不发达有关,但具体的环境制度没有规范好,也是一个重要原因。能否克服"公地悲剧"或防止"搭便车"行为?具体制度与实践操作中如何解决人与自然、人与人之间的矛盾?它能在充分发挥自然资源的经济价值,使"物尽其用"的同时,充分照顾到社会成员的环境权益吗?这些问题需要从法律层面进一步规范,从而指导人们的长远行为。

体制机制也还不完善。在产权界定上,作为自然资源的管理者,有的地方政府责任落实不到位,责任没有压实,生态职能履行不到位;在治理模式上,没有遵循自然规律,按照自然整体性、系统性要求进行综合治理,而是采用以条块分割、自上而下、行政命令为主要特征的治理模式,在生态治理上不同层级、不同主体、不同群体的利益难以协调,"九龙治水"现象依然存在,从而极易造成生态系统功能弱化、治理碎片化、生态保护与经济发展

---

① 《马克思恩格斯选集》第 2 卷,人民出版社,2012,第 693 页。

难以协调等问题的产生；在管理体制机制上，职能机构是环境监督主体同时又是责任主体，它充当了"运动员"又充当了"裁判员"，生态环境监督主体设置不科学。总之，尊重自然、顺应自然、保护优先的制度设计与现实仍然存在较大差距。习近平总书记指出："只有实行最严格的制度、最严密的法治，才能为生态文明建设提供可靠保障。"①

在环境经济学上，经济学家经常用经济学理论来解决环境问题。如科斯理论认为，只要交易成本为零，并且产权界定明确，资源拥有者就可以通过谈判机制内部化环境服务的外部性，从而依靠市场解决环境问题。实际上，这种解决环境问题的经济学方法越来越受到大家的质疑。一是交易的环境服务难以进行界定和度量。二是提供服务的一方必须交付服务产品给买方，而这也是非常困难的事情。诸如空气、水等环境产品往往是共享性的，而非专属性的。以上两点导致监管难度很大，这种监管难度通常会产生很高的交易成本，从而使得环境服务的交易变得越来越艰难。另外，还有信息方面的不对称等也使得人们很难进行环境产品的交易。正是由于市场的无能为力，生态环境并不能进行明晰的界分，生态价值不完全等同于物质价值，因此，在对生态权益的分配中，不能完全沿用西方的这套做法，不能通过产权界定来进行利益分配。②

5. 生态保护没有产生经济效益而被排除在分配之外

人们一直认为，生产创造价值，而保护不创造价值，没有贡献。因此，对于生态产品的价值计算也就只计算消耗资源的成本。自然权益的计算不能完全涵盖企业所有的生产产品。杨庆育指出，生态产品分为两类，一类是纯自然要素的空气、水源、气候、森林等；另一类是在人类活动时付出劳动而形成的商品。对于空气、水等自然物品，"从价值角度看，绿色产品，因其特殊的形态，其价值表现为自然的价值，体现为自然物体间以及自然物体对整体自然系统所产生的功能，如水土保持能够带来清洁的水源"。③ 但目前还没有很好的定价机制。由于其特殊形态和有机性特点，也很难用价值进行市场定价。因此，人们认为，生态保护是不形成价值的，保护生态没有贡献。

---

① 《习近平关于总体国家安全观论述摘编》，中央文献出版社，2018，第 182 页。
② 廖运生、虞新胜：《论"以人民为中心"视域下生态利益的实现》，《中共天津市委党校学报》2022 年第 3 期。
③ 杨庆育：《必须重视绿色发展的生态产品价值》，《红旗文稿》2016 年第 5 期。

第四章　当前环境正义中存在的问题及其原因探究

企业为了降低成本、增加利润、抢占市场，竞相采用新机器、改进新技术，从而生产更多的商品。但是它们没有计算排出去的污染的治理成本。在法律制度上，国家也没有对污染成本进行界定。蔡守秋认为："传统法律只注意对稀缺物品、私有财产或影响私人利益的权利的保护，而环境却长期被民商法视为不具有稀缺性、专有性、排他性的共有物、公共物品，环境资源不能被私人独占、垄断、排他性利用，这就是作为法律性质的环境权姗姗来迟的根本原因。"[①]

（二）资本约束不到位：自然有机性系统性遭到破坏

自然生产力形成生态产品是有一定的规律的。如果超过它的限度，其功能就会遭受破坏，反而降低其产量，影响生态利益。生态利用得过急过度，超过了自然生产的速度，就会导致资源枯竭、生态恶化。

生态利益实现受到生态功能被破坏的影响。生态利益的形成离不开生态功能的正常发挥。自然界多样化的物种是地球生态长期演化的产物，任何一种生命都具有不可被取代的地位。生物与非生物之间、各生物物种之间，任何一个环节和功能出现问题，都会影响到其他生命系统的延续与发展。自然生态系统是动态平衡的系统，生态系统功能大致分为能量流动、物质循环、信息传递等三大类。在没有外力干扰的情况下，能量流动、物质循环和信息传递会处在一个动态平衡状态。能量流动的主要渠道是食物链和食物网，各种物质在生物群落与无机环境间循环，生产者、消费者、分解者的数量稳定在一个水平上。

人类是自然界长期进化的产物，处于生命共同体的最高层。人类一方面离不开自然界，其生存所需要的物质都来自自然界；另一方面，人类具有目的性和主观能动性，能利用和改造自然界。出现人类之后，特别是工业革命以来，自然形态发生着快速改变。资本对自然资源进行疯狂掠夺，企业只顾自己的经济利益，向大自然肆意排放污染物，已经对生态系统的能量流动、物质循环、信息传递造成了严重影响，自然功能的发挥日益受到破坏。资本的掠夺、技术的异化、污染的排放日益影响着自然的演变进程。事实证明，工业文明诞生后，地球基础生态系统变得日益脆弱。当前，资本的扩张还在

[①] 蔡守秋：《论环境法》，《郑州大学学报》（哲学社会科学版）2002年第2期。

继续侵蚀和破坏着生态系统的结构与功能,影响着生态要素之间的循环与转化,破坏着生态的完整性、有机性、系统性结构。对生态系统功能的破坏直接影响生态利益的形成。保证自然功能的健康与安全是实现人类生态利益的基本条件。

资本扩张本性没有受到约束。经济理性对利润的不倦追求,导致它不断突破限制,而自然资源的有限性决定了资本权利的实现不可能超越自然的承载力。经济持续增长,对原料的需求也在不断增长,资本对自然资源的需求必然突破国界,在世界各地寻找合适的资源,由此不断地将世界范围内的自然资源纳入其掌控之中,使全球的自然资源为其服务。这种无限制的索取必然带来自然资源的枯竭和环境危机的加剧。

虽然有人认为,提高资源的价格会使人们节约资源,从而取得保护资源的效果,但他们忘记了,如果不建立相应的严格保护制度,提高资源的价格会导致一部分人不择手段去破坏资源。提高资源的价格一定程度上会约束资本的使用,但如果不改变资本的贪婪性,不重视自然的限度,终将会导致资本对未开发资源进行更加疯狂的掠夺。而通过市场实行污染物许可证制度,从而达成生态保护的做法也是不长久的,反而会促使利益集团为了争夺污染指标而"相互厮杀"。为了维护环境正义,不能离开"保护优先""整体性优先"等原则。也就是说,环境正义不能忽视自然规律和自然特点,也不能离开自然系统性、有机性和整体性特征。①

(三) 社会整体利益被扭曲:局部效率最大化

在人与自然的关系上,需要克服二元对立思维,从生命有机体、从整体上来思考。生产要素是进行物质生产所必要的条件。生产要素包括人的要素和物的要素及其结合方式。劳动、资本、土地、信息、数据等是生产要素的基本因素。生态产品的生产和生态利益具有整体性、有机性、系统性等特征。然而,人们以经济理性来思考生态利益,用物质生产方式进行生态产品生产,一切服从和服务于资本逻辑和经济规律,这使生态利益的实现受到影响。当前,生态利益实现面临着生态功能被破坏、受传统经济发展模式影响等问题。

---

① 虞新胜、陈世润:《争议中的环境正义:问题与路径》,《理论月刊》2017年第9期。

生态利益实现受到传统经济发展模式的约束。传统经济发展以成本核算为手段,以经济效益追求为核心,将生态环境作为无生命资源要素而加以利用。以成本核算为手段的传统经济理性分析方法将自然界切分为可计算的对象,那些不能带来经济效益的自然资源都被视为垃圾而被抛弃。这样的生产方式容易导致局部利益与整体利益、眼前利益与长远利益、个体利益与集体利益之间的矛盾。

首先,局部利益与整体利益出现了矛盾。局部利益就是部门利益、地方利益,整体利益是由局部利益构成的,是通过局部利益来实现的。但整体利益不是局部利益的简单相加,而是局部利益的有机统一。只看到本地利益而忽视其他地区利益,只看到人类利益而忽视其他生命体利益,这是传统经济发展的弊端。在经济发展过程中,出于自身的考虑,人们往往注重局部利益而忽视整体利益。

其次,眼前利益和长远利益出现了矛盾。眼前利益是指最近的利益、当下的利益。眼前利益与长远利益的关系是辩证统一的。眼前利益离不开长远利益,眼前利益只有在长远利益的规划下才能持续实现。经济学中跨期选择研究的一个重大发现是,与眼前或近期的损益相比,人们总是倾向于赋予将来的损益更小的权重。[①] 人们在面对未来不确定性风险的情况下,他们选择眼前利益而不是长远利益,这样就相对能减少不确定性利益的影响。广大农村地区农业污染较为突出,污染类型多样,"总的特点为面源污染与点源污染并存,生活污染和生产污染叠加,工业与城市等外源性污染不断向乡村地区转移"[②],其中的一个重要原因就是农药化肥的过度使用。由于农药化肥使用方便,杀虫效果好,农产品产量高,相比于畜禽有机肥,农民更愿意使用农药化肥。然而,由于缺少源头减量、过程拦截等环节,农药化肥使用效率普遍低下,农药化肥过量使用还会引起水体富营养化、土壤板结、氮磷超标等问题,直接影响农业的可持续性发展和农民的长远利益的实现。

最后,个体利益与集体利益出现了矛盾。个体利益与集体利益在根本上是一致的,集体利益离不开个体利益,是通过个体利益来实现的。同时,个

[①] 李洁、黄仁辉、曾晓青:《不确定性容忍度对跨期选择的影响及其情景依赖性》,《心理科学》2015年第3期。
[②] 王永生、刘彦随:《中国乡村生态环境污染现状及重构策略》,《地理科学进展》2018年第5期。

体利益也离不开集体利益，集体利益是个体利益的基础和保障。两者相互促进，相互保障。集体利益并不排斥个体利益。然而，人们往往为了个体利益而不顾集体利益甚至损害集体利益。英国学者哈丁教授提出的"公地悲剧"理论模型指出，作为理性人，每个人都希望自己的收益最大化，但一味追求个体利益最大化会导致个人获得的净收益低于与他人协调而获得的利益。在现实中，个别企业为了追求利润，肆意排放废水、废气、废物，导致整个流域或地区饮水、土壤等出现问题，就是典型的"公地悲剧"问题。特别是一些小企业生产工艺、技术和设备落后，他们往往为了降低成本、转移风险，直接将废气、废水、废物排放出去，造成对整个环境的污染。在成本、利润的权衡中，在个体利益与集体利益的选择中，个别企业唯利是图，无视整体利益。政府部门也没有发挥好监督作用，导致人民群众的长远生态利益受到损害。①

（四）责任分配不公平：环境善物的分配与环境恶物的分担明显失衡

在生态权利与承担义务方面，不同群体存在明显不一致。弱势群体在获得优质生态资源方面被不公平对待。环境权责的分配不公是环境非正义最具显性的形态。例如，因煤炭开采而形成的沉陷区乡村成为采煤沉陷问题的受害者，村民也因此承担了更多的代价。

在环境决策过程中，一些群众缺乏话语权。在单纯追求 GDP 的背景下，农民只是环境政策被动的执行者。尽管我国出台了环境方面的法律法规，我国环境保护依然缺乏有效的自下而上的环境权益诉求机制。"环境制度正义主要体现为在环境决策、环境法规制定与执行、环境权益的诉求机制中公众的实质性参与，而不是自上而下地单向实施。"② 朱力等认为，"从环境致害方看，企业或强势群体只接受政府的支持，往往不承认弱者应有的社会价值，不保障弱者的正当权益。比如不主动公开污染物排放信息、不解释不告知相关环境治理技术的二次污染信息、不受理群体性诉讼或代表人诉讼，忽

---

① 韦敏：《气候变化治理中的"系统"与"生活世界"——以棕榈油开发下的印尼泥炭沼泽森林破坏为例》，《自然辩证法通讯》2020 年第 9 期。
② 朱力、龙永红：《中国环境正义问题的凸显与调控》，《南京大学学报》（哲学·人文科学·社会科学版）2012 年第 1 期。

视弱者尊严和环境权益需求。"① "承认非正义是环境正义中较为隐蔽的形态,强者往往将此视为理所当然,弱者往往意识不到这种最根本的不平等不公平。"②

城乡二元结构体制的长期存在,形成了"城市中心主义"模式和思维定式。在很长一段时期内,城市公共品基本上由国家提供,而农村公共品主要由农民自筹资金、投入劳动力来提供或由村级经济提供。在生态环境保护方面,国家环保资金的大部分用于城市和工业,环境保护的法律法规和政策也是总体上倾向于城市,环保技术人员和专业监督人员也集中于城市。而农村在环保的制度安排、法律保障、政策导向、资金技术支撑方面都处于不利地位。

(五) 生态环境被国际垄断资本所支配:以追求利润最大化为主导

生态利益的分享受到分配方式的影响。分配影响生产,分配即生产。马克思认为,分配既可以作为生产要素,也可以作为收入源泉。作为资源形式存在的生产资料的分配先于生产,并使生产有了一种新的性质,从这个意义上看,分配安排和决定着生产。在生产资料私有制下,资本家占有优质的生态资源,成为生态利益的优先占有和获得者,在产品分配中处于优先地位,而广大工人工作和生活在"脏乱差"的环境下,空气污浊,垃圾遍地,细菌滋生。工人为了生存,被迫在恶劣的环境中工作与生活,受到更多污染物或疾病的侵扰。"每一个大城市都有一个或几个挤满了工人阶级的贫民窟……这里的街道通常是没有铺砌过的,肮脏的,坑坑洼洼的,到处是垃圾,没有排水沟,也没有污水沟,有的只是臭气熏天的死水洼。"③ 而资本家拥有更多的自然资源和美好的生活环境,享有更多的环境利益。当一个地方环境受到污染或破坏时,资本家可以选择到更好的环境中工作与生活。

从地域来看,不同国家或地区占有的自然资源也是不同的。"在国际上,全球 90% 的有害垃圾来自发达资本主义国家,这些垃圾几乎都被转移到发展

---

① 朱力、龙永红:《中国环境正义问题的凸显与调控》,《南京大学学报》(哲学·人文科学·社会科学版)2012 年第 1 期。
② 朱力、龙永红:《中国环境正义问题的凸显与调控》,《南京大学学报》(哲学·人文科学·社会科学版)2012 年第 1 期。
③ 《马克思恩格斯全集》第 2 卷,人民出版社,1957,第 306~307 页。

中国家。"① 主要发达国家把污染性企业转移到发展中国家，让更加弱势的人去完成生产任务。这种生态利益分享的不公平，势必加剧整个地球环境的恶化，影响全人类生态利益的实现。

生态利益受到西方生态帝国主义的侵害。西方国家实行的是生产资料私有制，一切以追求利润为核心。随着西方工业过度发展，资本积累与环境保护的矛盾日益激化，而发展中国家工业化起步较晚，西方发达国家利用资本、技术和国际贸易优势，将本国高污染、高危害的污染企业转移到了发展中国家。这些污染企业在发展中国家几乎免费使用自然资源，工业废物的处理也基本不用花钱，导致了当地严重的生态危机。西方国家将有害垃圾废物转移到广大发展中国家，包括我国在内的许多发展中国家的人民受到"洋垃圾""毒垃圾"等的侵害。西方一些发达国家只看到自身利益、局部利益与眼前利益，而忽视其他国家和人民的整体利益，忽视整个人类的长远利益，将自己的利益凌驾于其他国家或其他人利益之上，不考虑人类的整体利益和自然界长远利益，影响到发展中国家人民的合理生态利益的获得。

随着发展中国家人民的生态意识提高，西方国家改变以往直接掠夺资源、将垃圾转移到发展中国家的做法，而是通过不平等的贸易和不公平的产业分工，间接掠夺发展中国家的资源，以满足他们的奢侈需要。为了减少本地区污染，2006年欧盟出台《欧盟生物燃料战略》，要求到2030年，所有欧盟国家在交通用能源中，生物燃料占比为25%。为了实现这个目标，欧盟把目光投向了东南亚的油棕燃料，而印尼通过焚烧森林来开辟棕榈种植园。对欧盟而言，这有助于减少温室气体的排放，在印尼却引发大量温室气体排放和其他严重的生态问题。从局部来讲，使用清洁低碳的棕榈油是正确的，但从世界来说，因生产棕榈油而导致的大量温室气体排放却带来全球严重的生态问题。②

---

① 解保军：《生态资本主义批判》，中国环境出版社，2015，第121页。
② 韦敏：《气候变化治理中的"系统"与"生活世界"——以棕榈油开发下的印尼泥炭沼泽森林破坏为例》，《自然辩证法通讯》2020年第9期。

第五章　环境正义之实现路径探索

唯物史观的出发点是现实的个人，现实的个人是他们活动的起点。离开现实，个人就是抽象的人，是个"天马行空"的人。因此，理解"人"就不能离开现实生产和现实生活条件。当前，我国已经进入新时代，人民更加重视生态、重视环保。这就是我们分析环境正义的前提，在人与自然和谐共生的前提下，如何在环境保护和资源分配中确保公平和公正，避免对弱势群体造成不成比例的环境负担？如何满足人民对美丽生态和优美环境的需要？这也是思考环境正义问题的立足点和出发点。

社会主义实行自然资源公有制，一方面为保护和合理利用自然环境提供了制度条件，另一方面，使自然资源为大多数人服务提供了保障。当然，这并不是说社会主义没有环境问题。社会主义发展仍受制于生产力水平的制约，在生产交换过程中，仍然存在以交换价值为基础的市场行为，人与物的交换也存在"断裂"现象。因此，我们还要联系市场经济发展阶段，以及不同群体、不同地域进行讨论，更要联系生命共同体进行讨论。在生产中，有些是人类共同面对的环境难题，如人与土地之间的物质交换问题、自然生产力与自然修复能力的矛盾、"公地悲剧"、"搭便车行为"等。有些是我国特有的问题，如城乡二元体制下农村的环境治理问题。

第一节　在人与自然关系上，保护好自然力，发展生态产业

以往的环境正义理论多从保障弱者生存权利方面讨论物质利益的分享，而忽视了这种物质利益生产的可能性，认为照搬社会正义的原则，只要照顾到弱者的生态利益，就能实现好环境正义。但这忽视了生态承载力，只有在

生态承载力允许的条件下，才有可能实现人民的生态权利和生态利益。

（一）尊重自然生长规律，保护好自然生产力

绿色是地球的主要底色，保护绿色环境是每个人的应尽义务。众所周知，生态条件是基础，没有良好的生态条件，任何人的环境权益都不可能得到保障。这就要求必须解决好人与自然的和谐共生问题，不能破坏自然力。"系统是由不同的要素（子系统）按照一定的时空秩序或功能上的关联性而构成的具有一定质态的整体。"只有维护好系统性才能使自然持续供给生态产品。①

一是根据自然承载力条件，坚持自然保护优先原则。没有自然提供给人类资源，人类很难生存下来。自然保护优先原则告诉人们，在经济利益与环境利益产生冲突的情况下，要将环境利益放在优先的地位。这一优先性也决定了资本对自然的开发不能超过生态承载力的范围。如果资本过度掠夺了自然资源，破坏了生物多样性，切断了生物循环链条，那就应该控制资本，对资本划出红线。当前，实施生态功能保护区、实施最严格的生态保护制度就是对这一原则的落实。

自然保护优先原则是对防范环境风险而言的。竺效等认为，遇到环境风险科学性不确定的情形，应以保护环境为优先原则。其理由是，环境保护依赖科学证据，对于仍存在不确定性的那些科学研究，在对群众健康和安全具有重大影响的技术领域，应该坚持保护优先，这也就是风险防范原则。② 风险防范原则有利于对社会弱势群体的生态权益保护。在环境风险不确定的情况下，弱势群体更容易遭受到环境污染的危害。因此，环境正义要求保护弱势群体的环境利益，使之免受环境威胁。③

二是要保护自然力，就必须要顺应自然，不能破坏其自身功能。保护自然，给自然以休养生息的机会，使自然不被人类打扰和破坏。必须保护自然的整体性、有机性和系统性。要优化系统，保持生态要素最优化或平衡发展。自然生态是一种客观而具有内在有机联系的整体，因此需要以整体性思维推进生态环境保护。在市场经济条件下，人们往往从自身的利益出发，认

---

① 洪银兴主编《可持续发展经济学》，商务印书馆，2000，第183页。
② 竺效、丁霖：《绿色发展理念与环境立法创新》，《法制与社会发展》2016年第2期。
③ 虞新胜：《再论环境正义》，《自然辩证法研究》2017年第9期。

为只要个人的行为是合理的整个社会的行为就会合理。这种个人主义的分析角度并没有带来整体的合理性，相反，引起的是"公地悲剧"。人与生命有机体中的其他生物体之间的相互依存关系，决定了生态环境保护绝不能简单地"头痛医头，脚痛医脚"。要在承认山水林田湖草是一个生命共同体的基础上树立系统性、关联性、协同性的生态环境保护理念，指导生态环境保护实践，这有助于促进生态系统这个生命共同体的协调发展。只有将生态环境保护作为一个复杂的系统工程，才能产生良好的生态环境保护效益。人与自然是共生共存共荣的生命共同体，生态系统各自然要素之间是相互依存、有机联系的整体。习近平总书记指出："山水林田湖是一个生命共同体，人的命脉在田，田的命脉在水，水的命脉在山，山的命脉在土，土的命脉在树。"[1] "人因自然而生，人与自然是一种共生关系"。[2] 这些论述都强调在尊重自然特征的基础上保护好自然。

三是惩罚破坏生态自然力的行为。自然力不仅要保护好，而且对于破坏生态自然力的行为也要进行惩罚。建立奖励惩罚分明的制度，对于破坏环境、污染环境者进行惩罚，也是对自然力的一种保护。对于任何破坏环境、损害生态平衡的违法行为，都应依法严惩，绝不姑息。提高违法成本，让那些试图以牺牲环境为代价换取短期利益的人付出沉重的代价。要使生态效益向保护和发展自然力的贡献者倾斜，对保护者进行奖励。设立专门的生态保护奖励基金，表彰在生态保护领域作出突出贡献的个人、团体或企业，奖励形式可以是现金奖励、项目资助、荣誉证书及媒体宣传等。对于积极参与生态保护的企业和个人，政府应给予税收减免或补贴等。在自然界中，每一种生物都拥有其独特的生存智慧与自由成长的空间，这是大自然赋予生命的宝贵"礼物"。为了维护生物的自由成长空间，必须打击那些破坏生态环境、影响生态自然力成长的不法分子。

（二）坚持绿色发展，合理利用自然力

生态环境保护并不只是环境保护领域的事情，它不仅涉及经济建设和生态建设，还涉及政治建设、文化建设、社会建设等众多领域。唯有运用整体

---

[1] 《习近平谈治国理政》，外文出版社，2014，第 85 页。
[2] 《习近平著作选读》第 1 卷，人民出版社，2023，第 603 页。

性思维,从整体性生态环境保护的战略高度,开展多角度、全方位、深层次的生态文明建设工作,树立预防、治理、保护并举的建设理念,才能让生态文明建设融入经济建设、政治建设、文化建设、社会建设的各个方面和全过程。

在对自然力的保护与开发上,要在顺应自然,尊重生态环境有机整体系统的基础上抓住生态经济这一核心,做好生态发展这一大文章。要发挥好资本、技术的作用,发展绿色经济。

绿色经济包含两重含义。一是经济活动必须遵循经济规律和自然界的客观规律,要求经济活动有利于生态环境的保护,不损害生态环境。二是肯定自然的价值,发挥自然生产力的作用,让"绿水青山"成为"金山银山",也就是要从环境保护中获得综合效益。如何发挥自然力的作用,让自然力发挥更大的作用?如何走出一条经济发展和生态文明相辅相成、相得益彰的路子?绿色发展是在自然和资源承受范围之内,以资源节约、环境友好、生态保育为主要特征的发展模式。绿色发展是建立在资源承载力与生态环境容量的基础上,通过"绿色化""生态化"的实践,达到人与自然日趋和谐、绿色资产不断增殖、人的绿色福利不断提升的目标,从而实现经济、社会、生态协调发展的过程。2017年,习近平总书记在山西考察工作时指出:"坚持绿色发展是发展观的一场深刻革命。要从转变经济发展方式、环境污染综合治理、自然生态保护修复、资源节约集约利用、完善生态文明制度体系等方面采取超常举措,全方位、全地域、全过程开展生态环境保护。"[①]

生态产业必须遵循生态规律,即在尊重自然整体性、有机性和系统性基础上进行生产。系统性告诉人们,生态发展不能脱离生态链条。有机性告诉人们,生态是有其自身生长规律的,自然力持续的时间不能随意变动,即延续时间不能随便变动。人类劳动只是生态自然力作用的一小部分。整体性告诉人们,森林、草原、湿地等属于不可移动性、不可替代性的自然生态要素,在空间分布上呈现明显的集聚性和不平衡性。这也就是说,必须从整体上来保护和修复这些生态。从整体上来利用自然,不能局部合理就大肆开采,局部合理必须让位于整体合理,少数人的利益必须让位于整体的利益或

[①] 中共中央文献研究室编《习近平关于社会主义生态文明建设论述摘编》,中央文献出版社,2017,第38~39页。

生存利益。生态资源作为经济活动中的内在要素，属于自然系统的子系统，又是经济系统中的子系统，自然系统与经济系统相互依赖相互促进，要使生态与经济发展相协同，实现经济效益、社会效益和生态效益的有机统一。对规律的遵循是在一定社会结构中发生的。"社会的每一历史结构规定着人对自然规律的揭示形式，规定着自然规律的作用方式与适用范围，而且，也还规定着人对这些规律的理解程度和社会利用的程度。"[①] 人们只有利用物种之间相生关系，才有助于经济的发展。绿色发展就是在尊重自然界的客观规律基础上，将生态优势转换为经济优势，绿水青山转为金山银山。必须要承认自然界限，遵循物种之间的相克相生的关系，利用其有利的一面，克服其有害的一面。

资本在经济发展中虽然具有推动作用，但是资本的进入加大了对资源物质价值的利用，而忽视了它的其他功能。作为物质性产品，资源物质交易价值的实现是一次性的，且不可持续，作为生态产品，其交换价值的实现是长期的，且可以通过发挥多种生态服务功能实现多元化的价值补偿。因此，既要发挥资本的积极作用，同时又要适当节制资本，防止资本对濒临灭绝的生态资源进行破坏和利用。

（三）追求科学治理，防止自然力破坏

自然本身的系统性和整体性要求对环境进行综合治理。依据自然系统性、整体性特点，坚持环境综合治理。

由于有些环境产品具有特殊性、整体性和非竞争性特点，一个人制造的污染可能导致一百个人受到伤害，一个人的保护可能带来一百个人的共享，由此产生"搭便车"行为。依靠市场来做环保的事情是很困难的，因此，必须要让政府介入，政府运用综合性手段，从人与自然共生的视角出发，用系统、整体的思维来重新构建社会的生产关系、社会关系、生活方式和生态秩序，让经济效率与社会公平取得合理的平衡。[②] 政府出台的政策，必然以整个社会的效益或福祉为依据。环境污染的整体性和全过程性会导致受害者难以得到公平的赔偿，而环境污染的潜伏期长、影响长远等特征更加重了对受

---

① 〔联邦德国〕A. 施密特：《马克思的自然概念》，欧力同、吴仲昉译，商务印书馆，1988，第100页。
② 邬晓燕：《绿色发展及其实践路径》，《北京交通大学学报》（社会科学版）2014年第3期。

害者的伤害。应根据实际受到的损失与可能受到的长期影响，综合提高赔偿标准，使污染者为环境污染的长期性买单，为生态安全负责。[①]

西方发达国家在工业化进程中走了"先污染后治理"和"边污染边治理"的道路。英国是治理最早的国家，英国一度被煤烟笼罩，工业废水也直接排放入河。英国颁布了《碱业法》（1843年）来控制制碱业的废气，颁布《河道法令》（1847年）来禁止污染公共用水，制定《公共卫生法》（1848年）来集中处理废水和废弃物等，但这些未能有效抑制环境恶化。德国、法国、美国等于英国之后走上工业化道路，他们采取了"边污染边治理"的道路，如美国19世纪末20世纪初设立了包括优胜美地、加州红杉国家公园等，阻止对自然资源的进一步破坏；1935年通过《土地保持法》，进行有计划的水土保持工作。20世纪中后期，美国将一部分污染性企业迁到第三世界国家，降低了对美国本土的污染。少数西欧国家有意识地将环境放在重要位置，走了一条"减污染、早治理"的道路，一方面及早治理环境问题并减少污染排放；另一方面发展污染低、技术密集型产业，取得明显成绩。

通过西方治理模式的分析，我们可以看到，应优化能源结构，提升清洁能源使用比例。强制推进法律标准和政策体系建设，加大环境治理投资力度，强化公众意识和提升参与水平等都有一定的作用。但是西方也存在被动治理、应对气候变化行动进展缓慢等问题，特别是人均能源资源消耗居高不下，大排放、大消费等方式没有根本改变。

诚然，西方学者也看到了他们制度的不足，试图通过政府职能来弥补市场的不足。事实证明，政府参与环境问题的解决是有效果的，也是应当的。通过政府行为来解决环境问题，确实一定程度上能够解决"公地悲剧"问题，能够使"外部环境"内部化，从而起到保护环境的作用。但切勿忘记，西方的政府是为资产阶级服务的政府，其目的是维护资产阶级的利益，这一功能定位使得政府不可能改变资本对利润的追逐本性，也不可能阻止资本的威力，在环境问题的处理上也不可能改变资本逻辑。政府充当的是资本的"辅助"角色。按照西方马克思主义学者的观点，私有制是形成生态危机的"根源"。私有制是通过其"私有产权"而不断运作的，导致资本在全世界范围内对自然资源的疯狂掠夺和不合理利用。同时，为了节省成本，资本家

[①] 虞新胜、陈世润：《再论环境正义》，《自然辩证法研究》2017年第9期。

还不断地向大自然排放"废气、废水、废物"等，造成生态环境的严重失衡。环境自身固有的和谐性、可持续性与整体性特征，在私有制下已经被破坏得支离破碎、危机四伏。

当然，有些学者主张，改变政府职能，探索通过购买第三方服务的形式，来克服"公地悲剧"，做好生态保护和治理。他们主张对于公共服务的治理，可以把流域保护工程交给一家私营公司来管理，那就是将流域修复本身也私营化，这私营公司有点类似于公用企业，通过提供生态服务，提供符合要求的水资源，从而获利。当然，为了防止垄断，必须制定一些调控价格的规则，对公司的修复行为也要有一些限制。[①] 把流域生态系统归私营公司去经营，会在一定程度上保护生态，避免部分外部效应和公共物品的"无人管理"的情况，这说明明晰的产权可以纠正部分外部效应。

但是，我们还是不能排除"第三方"的营利目的。要防止这种情况，需要综合选用政策套餐。如果不能通过市场来明确生态服务的产权归属，我们就从"政策工具箱"中选择工具。这些政策选项包括税收、补贴和贸易许可证等经济政策，也包括组织机构和行政管理结构转变、法律修正案、财产权制度等非经济政策。要充分利用好协调机制，做好协同治理工作。一个地区的上游产业、下游产业形成集群，相互利用，也有利于整体性发展。把不同的农业生产方式结合起来，或把不同上下游企业结合起来，使其相互利用，减少排放。通过把外部效应内部化，减少污染物的排放，提高污染物的利用效率。[②]

要系统全面地进行生态治理，制定一系列生态治理政策。明确系统生态治理的目标，比如保护自然资源、促进生物多样性、推广清洁能源等。根据目标制定相应的政策，确保这些政策具有针对性和可操作性。开展跨部门协作，建立地方各级河长制、湖长制、林长制，加强对用水权、用能权、排污权、碳排放权的管理，建设全国统一的能源市场，培育发展全国统一的生态环境市场。利用现代科技手段，如大数据、人工智能等，对生态系统进行监测、分析和预测，为治理提供科学依据。同时，加大对生态治理技术的研发

[①] 〔美〕杰弗里·希尔：《生态价值链——在自然与市场中建构》，胡颖廉译，中信出版集团，2016，第59页。

[②] 〔美〕杰弗里·希尔：《生态价值链——在自然与市场中建构》，胡颖廉译，中信出版集团，2016，第152页。

和推广力度，提高治理效率。建立完善的监管体系，对破坏生态环境的行为进行严厉打击和惩罚。持续完善生态治理体制机制改革，自上而下推动构建现代环境治理体系，逐步完善生态治理市场机制。要出台一系列生态治理重要法规，作出一系列生态治理重大决策。

第二节 在人与人的关系上，完善体制机制，更加重视生态弱势群体的力量

人要生活，必然要解决吃穿住行问题，而这一问题的解决必然涉及两方面的生产：生活资料的生产和人的生命的生产。这就必然要处理好两方面的关系：人与人的关系和人与自然的关系。而处理人与自然的关系，还要解决生态利益的分享问题、生态恶化后果的承担问题。

生态利益形成后，必然面临着分配问题。人类要生活生存，就必须分工合作，并在分工合作的基础上分享他们的所得。"分工—合作—分享所得"需要分配标准。怎样才能协调各方的利益主张，分配各方劳动所得？为了协调利益分配、避免利益冲突，需要各方达成一致、形成共识，要形成一定的约束性规则，这就是道德和制度。

应该以生态贡献为标准实行分配正义。在理念上，要使生态效益向保护和发展自然力的贡献者倾斜，向生态经济贡献者倾斜。在产业上，要让穷人、农村和西部等地区共享发展成果，发展扶贫产业。在制度上，要保障弱者基本的生态权益，保障其基本健康利益。同时，加强对污染者的惩罚，建立环境责任保险制度，完善奖惩机制。在政策制定上，要畅通公众参与渠道，让弱者能有维权的渠道。在文化上，要尊重地方文化的特色，重视乡村在保护环境、治理环境中的作用，做到承认正义。开展家庭教育，培育生态意识。

（一）立足整体利益，共建共享生态福祉

对环境正义的分析离不开人与自然生命共同体，也离不开人与人的命运共同体。共同体是一个区别于联合体、社区的概念。R. M. 麦克维尔（R. M. MacIver）认为，"社区"意味着在某一个地域之内，人们共同生活，但"联

合体"是基于个人的共同利益，人们有目的有组织地形成的一个联合团体。[1] 共同体不是社群主义者强调的依靠血缘关系、地域、民族和文化联系而结成的传统社区，它是一种基于生态禀赋和地域，人与自然和谐的对自然和他人充满情感的社区。

我们应坚持认为人与自然处于生命共同体内，凡是有利于共同体整体、有机、系统发展的才是合理的，符合道德的。那么，如何建构人与自然这一和谐共同体？根据韩国学者具度完的观点，自下而上的生态社区和联合体转型策略与生态福利国家的自上而下的改革战略相结合，是一种更为现实可行的替代性发展思路。[2] 他认为："就长期而言，如果不依赖于草根阶层人民的自由互惠的关系，很难维持自然和社会的和谐发展。"当然，具度完也承认，生态社区或联合体不足以防止强势群体对弱势群体的控制，因此，需要国家的力量。"非常可能的是，由于资源枯竭和生态危机，这种国家在资本主义制度下协调国家、阶级和集团之间冲突的能力将会达到极限。"总而言之，如果没有生态社区或联合体，生态国家的存在是不可能维持的。缺乏生态国家的生态社区或联合体也是脆弱的。[3] 当然，这种对策还是没有看清楚自然资源在私人所有的制度中面临的不利局面，并没有从根本上消除资本逻辑所带来的负面影响。资本的贪欲离开了国家，就很难有成效。然而，国家的力量也必须在遵循自然规律基础上，在广大人民群众的积极参与下才能有作用。国家应将其资源投入"生态链条"中，维持好"生态链条"的正常运转，并在自然生产规律基础上发挥主观能动性，使系统链条不被破坏，并采取措施防止强势群体对生态产品的垄断，让人民对美好生活的需要得到不断满足，促进生态利益的共建共享。

自然有机性特点要求经济发展不以经济利益最大化为最高追求，不推崇成本效益原则，而以尊重生命、敬畏生命，尊重生物自身生长规律，不随意破坏其生命过程为原则，在一定范围内对自然加以合理利用。人类社会要永续发展，就必须保护生态环境，合理利用自然资源，不能人为地改变生物的

---

[1] 转引自郇庆治主编《重建现代文明的根基——生态社会主义研究》，北京大学出版社，2010，第228页。

[2] 转引自郇庆治主编《重建现代文明的根基——生态社会主义研究》，北京大学出版社，2010，第222页。

[3] 转引自郇庆治主编《重建现代文明的根基——生态社会主义研究》，北京大学出版社，2010，第237~238页。

生命历程，破坏生物链条。不应以牺牲下一代人的发展为代价。自然有机性特点还告诉人们，自然不应仅被视为资源，还应被视为生命。在与自然相处时，人们要尊重生命、敬畏生命。要提倡可持续性绿色发展理念。竺效、丁霖认为，绿色发展是当代语境下的可持续发展观。① 郇庆治认为，绿色发展必须是建立在环境资源可维持的绿色增长的基础上，发展是建立在自然生态支撑能力的基础上的。② 只有尊重自然，不随意改变其多样性与有机发展过程，才能持续不断地获得自然资源。可持续发展的道路是遵循自然规律，不听命于资本逻辑的道路。概而言之，由于环境本身的复杂性和系统性、环境善物存在一定的不可分性等特点，环境正义不能完全照搬权利与义务一致性原则。生命体的共同性、环境的外部性等要求人们超越权利义务对等的二元思维模式，在有机、协调的整体中对环境权利与义务进行重新思考。③

要维护好人与自然的共同利益，必须要照顾弱势群体的利益。党的十九大报告指出："促进农村一二三产业融合发展，支持和鼓励农民就业创业，拓宽增收渠道。"④

首先，要做好生态农业。有些地方立足地方实际，因地制宜选择适合推进乡村振兴的产业，广泛推行"公司+农户""公司+基地+农户"的经营模式，引进扶植农产品深加工龙头企业，大力推行生态有机农业。让当地农民在土地、林地流转中得益，在土地、林地入股上分红，在就业方面增收。有的地方通过工程措施与生物措施、农业耕作措施相结合，治山治水相结合，坡面治理与沟壑治理相结合，建成了"名、优、特、新"的经济果木林，最终实现了生态和经济效益的有机统一。有些地方开展观光农业园，引进全国优良品种种植，集休闲观光、旅游采摘于一体，园区建设与困难户利益高度联结，有效帮助困难户增收。此外，有些地方还大力推动林下经济，鼓励发展中药材种植，形成了帮助农民的合作造林帮扶、林业产业帮扶、林业科技帮扶等模式，帮助林区农民掌握油茶、毛竹、森林药材等丰产栽培技术，带动林农增收，使边远地区生态治理和乡村振兴齐头并进，形成了"林药模式""林果模式""林禽模式""林畜模式""林菌模式""林蜂模式"6种林

---

① 竺效、丁霖：《绿色发展理念与环境立法创新》，《法制与社会发展》2016年第2期。
② 郇庆治：《国家比较视野下的绿色发展》，《江西社会科学》2012年第8期。
③ 虞新胜、陈世润：《再论环境正义》，《自然辩证法研究》2017年第9期。
④ 《习近平谈治国理政》第3卷，外文出版社，2020，第25页。

下产业模式。

其次,做好电商助农。有的地方把互联网这张"招财网"巧妙融入助农行动,全面推广"互联网+农业",大力发展电商助农工程,推行"农户种植制作+合作社加工包装+电商服务站推广"模式。近年来,有些县抓住"互联网+"上升为国家战略的机遇,依托资源禀赋和产业优势,把发展农村电子商务作为产业转型和乡村振兴的重要着力点,积极探索"电商企业+电商助农合作社+电商助农基地+困难户"四位一体电商扶贫农业模式,让深藏在山中的特色农产品销往全国各地,推动电商扶贫农产品供应链体系建设,走出了一条电子商务与产业发展、乡村振兴相融合的新路子。

再次,做好生态旅游兴农。边远地区往往是山区,由于很少被破坏,具有丰富的绿色资源。根据这一特点,可以积极尝试将兴农和旅游相结合,积极推动独特的红色、古色、绿色等历史文化与丰富的旅游资源有机融合,打造类型丰富、形式多样的旅游产品,不断把资源优势转化为优势资源,把生态效益转化为经济效益,为农村建设提供基础。一些省份生态禀赋较高,风景秀丽独特,发展旅游,尤其是乡村旅游已成为当地发展的重头戏。本着"绿水青山就是金山银山"的理念,这些省份积极开发生态公益性岗位,优先安排有劳动能力的当地人口就业,致力于自然资源和生态环境保护与乡村振兴相结合,把靠山吃山、靠水吃水的当地群众变成保护森林和河流的卫士,既保护了生态又使他们获得了收入。

最后,做好健康扶农。贫困人口生病后往往难以支付高昂的医疗费用,因此很容易因病返贫、因病致贫。可以通过推广重大疾病商业补充保险,为贫困人口构筑新型农村合作医疗、新农合大病保险、农村贫困人口重大疾病商业补充保险、城乡医疗救助四道医疗保障防线,加大村级卫生计生服务室标准化建设和农村医疗队伍建设力度,优化医疗补偿结算报账程序,有效消除因病返贫现象。

无论哪种帮扶方式,都离不开政府的主导作用。生态帮扶更要发挥政府的作用,一方面保护好生态脆弱地区的生态环境;另一方面也要改善居住在恶劣自然环境条件下人民的生活环境,使他们不能因生活困难而破坏环境。帮扶过程中要秉承"绿水青山就是金山银山"的发展理念,坚持在发展中保护,在保护中发展,把经济发展和生态环境保护有机结合,实现二者的良性循环。生态帮扶要把生态优势转化为经济优势,既不能牺牲绿水青山,换取一时的金山银山，也不能让群众守着绿水青山却过穷山恶水的生活。必须积极探索一条生态文明建设与扶贫脱贫相辅相成、相得益彰的道路。①

（二）体制机制方面，打通各个环节，保障弱势群体发出声音

生态自由，需要相应的体制设计。传统的民主体制重视社会自由，而生态自由的"精英"是与生态接触更多的农民。要充分尊重农民的经验和农民的建议，防止一些资本为了利润而对生态自由破坏。要让全体人民共享自然资源，让个人成为土地的主人，让个人立足于自己的田园土地来创造美好生活。

（1）保障弱势群体的基本生态权益。如何才能处理好环境收益与贡献之间的矛盾，保证环境正义？如何才能处理好局部利益与整体利益的矛盾？除了保护好自然力，让自然生产出更多的产品外，还要做好"分蛋糕"工作，将效率与公平相结合。边远地区的农民长期住在山区，保育本地生态环境，保护自然生产力，若不把资源保护的收益分配给这些群体，他们就缺少动力进行生态保护，生态环保也就没有可持续性。

在健全完善自然资源产权制度的同时，做好流域生态补偿机制，对水质改善较好、生态保护贡献大的县（区）加大补偿力度，调动地方保护生态环境的积极性。省级政府（我国目前主要以省份为主体进行补偿安排）加强对森林资源的保护，将林地、湿地保有量等指标纳入市县科学发展综合考核评价体系，建立严格的林业生态红线管控机制。推进全省林业生态资源统计监测核算能力建设，在重点生态区域建立森林、湿地系统定位观测站，构建林业生态监测信息发布体系，开展林业应对气候变化工作。在提高公益林管理和管护水平的同时，为年度森林生态效益补偿资金的发放和生态公益林补偿制度的完善提供依据。

在生物多样性的保护工作中，边远地区的农民为保护生物多样性作出贡献，但很难获得经济价值。但保护生物多样性又具有很大的价值，一是它可以提高农作物的生产力，二是它可以保障物种生存，三是它可以保护物种生存，四是它可以提供生态服务。② 因此，在生物多样性保护中，对因保护湿

---

① 虞新胜、陈世润：《再论环境正义》，《自然辩证法研究》2017年第9期。
② 〔美〕杰弗里·希尔：《生态价值链——在自然与市场中建构》，胡颖廉译，中信出版集团，2016，第98页。

地生态环境使湿地资源所有者、使用者的合法权益受到损害的，上级政府应当给予补偿。

在对环境贡献者进行补偿的同时，也要做好对生态利益破坏者进行惩罚的制度建设，加大对污染者的惩罚力度，推进环境责任保险制度。同时，扩大公益诉讼的主体范围。由于存在发现难、取证难、查处率低等原因，污染企业心存侥幸。要让污染者不敢污染、不想污染、不能污染，才能发挥震慑作用。这也要求环保执法部门真执法、敢执法、能执法。环保部门在执行公务时也常常心存顾忌，因为环保部门的执法力度直接影响到当地经济的增长，有可能会受到当地政府的干扰，关系到当地的民生改善。因此，应进行体制改革，使环保部门摆脱地方政府的干扰。

（2）从全球生态环境来看，应建立全球补偿机制。对于热带雨林附近的当地居民而言，森林的可持续使用要比商业化砍伐更受欢迎，因为这给社会带来的长期效益更多。然而，对于当地政府而言，由于商业化砍伐可以为政府带来税收与收益，它们更倾向于大面积的森林砍伐。只有让地方政府能分享到收益，当地政府才会采取保护森林的措施，这是长期效益与眼前利益的矛盾。换句话来说，我们有必要弥补私人收益与社会收益之间的缺口。

热带雨林附近的居民由于保护环境而不能种植经济作物，无法经营牧场、不能出售木材等，他们因此遭受了损失。然而热带雨林的收益却由全人类共享。显然，这种状况不可持续，我们不能享受森林保护所带来的收益，却让当地居民承担保护行为的全部成本。[1]

（3）坚持生态利益的生产与分配、消费相协调。生态利益依赖于自然环境的整体性、有机性、系统性的统一，要求生产与消费协调一致。在资本主义社会，资本对利润的追求导致生产与消费的失衡，最终形成经济危机，造成生态资源的巨大浪费。社会主义社会以人民合理的需求为导向，在生态理性下协调生产与消费之间的关系，做到生产与消费的协调一致。协同促使事物间属性互相增强，向积极方向发展，要通过统筹兼顾、协调推进，不断满足人民对美好生活的需求，从体制机制方面保障生产向绿色转型，减少污染，降低能耗。

---

[1] 〔美〕杰弗里·希尔:《生态价值链——在自然与市场中建构》，胡颖廉译，中信出版集团，2016，第42~43页。

从经济体制来看，要坚持新发展理念，提供更多优质的生态产品。生态系统不会主动满足人类对生态产品的需要，而是要通过人类的社会性劳动对生态进行利用和改造，为人类提供生态产品。当前，我国政府以推动产业转型为动力，逐步完善生态价值评估与核算、生态资产入市、生态资产权益交易等制度，让生产要素在不同区域、市场和生产主体间流动，促进生态交易市场的形成。

从政治体制机制看，要以生态环境的系统性、整体性特征为基础，遵循生态规律，保持生态循环。打破以行政区划为单位进行的条块管理模式，实现以自然区域和河流水系为单元的区域管理模式，实现生态治理效能的最大化。统筹上下游、河两岸的综合发展，发挥区位优势，促进要素高效自由便捷流动，促进生态环境的保护与高效利用。做好"碳达峰、碳中和"规划部署，引导企业参与"碳达峰、碳中和"行动，提高政府生态治理管理能力。加强生态建设的国际合作，促进人与自然整体利益的协调发展。

从社会体制机制来看，人民群众中蕴藏着巨大的潜力，生态文明建设需要创新形式，扩大渠道，充分调动鼓励人民群众参与进来。政府出台政策，促进人民对环境保护的监督，拓宽人们参与环境保护的渠道。通过消费积分等平台，组织好人民积极参与绿色消费活动，培养大众绿色消费习惯。通过认领名树等方式鼓励人们参与生态保护，实现生态环境资源的可持续利用和生态利益的共建共享。

从文化体制机制来看，推动文化产业的繁荣和发展，让广大人民分享到更多更好的精神文化产品。一方面，加快构建覆盖城乡的公共文化服务体系，确保每个人都能享受到基本的文化服务。另一方面，创新服务方式，如利用互联网和新媒体技术，提供线上文化服务，扩大服务范围。为此，需要引入市场竞争，提高文化单位运营效率。培育合格的文化市场主体，鼓励民营企业参与文化产业，增加市场活力。打破文化市场壁垒，推动文化资源的共享和优化配置。加强文化产业与其他产业的融合，形成新的文化业态和产业链。利用现代科技手段，提升文化产品的创作、生产、传播效率。发展新兴文化产业，如数字文化、网络文化等，满足人们多样化的文化需求。

（4）有效约束和利用资本，提高自然资源利用效率。环境正义问题的解决，一方面要控制好资本，使社会弱者能分享到自然利益；另一方面要在系统性、整体性等方面充分发挥政府的作用，作好整体开发利用和分享，使环境得到保护。只有在遵循"保护优先"而不是"GDP 优先","集体利益优先"而不是"个人利益优先",坚持"生命共同体"理念等原则下考虑生态权利与义务的一致,才能实现真正的环境正义。[①] 有效约束和利用资本,提高自然资源利用效率,不仅关乎经济增长的质量与速度,更直接关系到生态环境的保护与社会的长远福祉。有效约束资本需从源头上加强监管。对那些可能损害自然资源、加剧环境污染的投资活动进行严格限制。同时,推行绿色金融体系,鼓励资本向绿色低碳、节能环保等领域倾斜,通过政策激励和差异化信贷政策,引导社会资本参与生态保护和修复项目。

提高自然资源利用效率,核心在于明确产权,强化保护。应进一步完善自然资源产权登记、交易、监管等制度,确保每一块土地、每一滴水、每一份矿产都有明确的产权归属,为资源的有效配置和高效利用奠定法律基础。通过市场化手段,如碳排放权交易、水资源使用权转让等,促进资源节约和循环利用,让资源使用者直接承担因过度消耗资源而产生的经济成本,从而激励其提高资源使用效率。

技术创新是提高资源利用效率的关键。政府应加大对科研机构和企业的支持力度,鼓励研发节能减排、资源循环利用的新技术、新工艺,特别是在清洁能源、新材料、智能制造等领域取得突破。同时,推动传统产业转型升级,淘汰落后产能,发展循环经济,构建绿色低碳的产业体系。通过技术创新驱动,实现资源消耗的最小化和产出效益的最大化。

面对全球性的资源环境挑战,任何国家都无法独善其身。加强国际合作,共享资源管理经验和技术成果,对于提升全球自然资源利用效率至关重要。通过签订国际协议、建立跨国合作项目等方式,共同应对气候变化、生物多样性保护等全球性问题,促进全球资源的合理配置和可持续利用。

(三)拓宽表达渠道方面,畅通公众参与渠道

环境保护与每个人的利益息息相关,人民参与环境保护的广度和深度是判断公共政策程序正义与否的重要标准。在国内层面,仅仅依靠政府环保部门是很难实现环境正义的。事实表明,那些没有参与决策或意见表达的往往是社会的弱势群体、贫困人群等,这些人处于社会的最底层,他们通常是与

[①] 虞新胜、陈世润:《再论环境正义》,《自然辩证法研究》2017 年第 9 期。

地方生态环境接触最多的，也是最了解自然生态秉性的群体。他们更懂得鸟的习性、树的年轮、风的走向、土壤的气息，更懂得花草的脾气、动物的嗜好等，他们为环境保护作出更多贡献。在国际上，也需要广大第三世界国家参与，无论大国小国、富国穷国都应该允许他们参与到环境保护的决策和意见表达中来，参与到资源节约和环境保护、监督活动中来。没有参与正义，没有联合起来的生产者，环境正义就很难真正落实。①

美国左翼社会理论家默里·布克金认为，对于环境问题来说，受到环境问题决策影响最大的人往往没有参与制定影响他们周围环境规则的权利与机会，很多决策都是"被做出的"，这对于被隔离于政治决策之外的人来说，显然是不公正的。在他看来，只有在公正的社会中才有可能实现人与自然之间的真正和谐。从这一点出发，布克金认为，环境问题的解决必须致力于改变现存的政治制度体系，解决代议制民主存在的弊端问题，并不断促进社会的公平。生态运动，尤其是环境正义运动，往往与捍卫社会底层民众的利益结合在一起，致力于公平的社会建设，不仅寻求人类社会的公正，还要寻求人类社会对待自然的公正。通过自下而上的制度设计赋予政治弱势地位的公民以参与的权利和自由，使得被隔离于决策之外的公民参与决策的制定，只有这样，生态社会才有可能在公正、自由的社会中建成。②

然而，由于社会的基本利益格局不平衡，处于支配性地位的群体为保护自己的利益，借助国家、法和正义观等来约束其他群体的利益，这也就成为"不公平"的制度根源。"正义在实质上无非是在生产上处于支配地位的阶级的意志和利益的表现。"③ 这一思想也给生态利益分配指明了方向，在一定阶段占统治地位的阶级拥有生产资料，他们在生态利益分配中处于主导地位，是生态不正义的根源。

佩珀认为，环境正义具有阶级性，发达国家的富裕阶层和强势群体，掠夺世界各国的资源并享受其带来的利益，而被掠夺的发展中国家不仅没有享受资源的权利，还要承受发达国家所带来的环境负担，这样就导致一部分人的贫困。佩珀还指出，贫困是最大的污染，贫困是导致环境破坏的原因和结果。

要支持和鼓励弱势群体参与到环境保护中来，拓宽环境保护表达渠道，

---

① 周国文主编《西方生态伦理学》，中国林业出版社，2017，第214页。
② 周国文主编《西方生态伦理学》，中国林业出版社，2017，第155页。
③ 林进平：《马克思的"正义"解读》，社会科学文献出版社，2009，第129页。

畅通多种路径，聆听他们的观点和关切。污染受害者较难对废弃物制造者进行申诉，因为相应的渠道和表达机制不健全。国家要允许并重视所有公民对环境保护公共决策发表意见。环境污染问题涉及每个公民的切身利益，国家在制定一项与环境相关的公共政策时，要允许公民参与和表达，要尊重和重视公民所提出的意见和建议，实现"联合起来的生产者"对人与自然之间物质变换的"共同控制"。① 乱扔垃圾为什么难以禁止？主要是因为方便，随意排放丢弃，成本最低，同时不特定的对象承担后果，因此，乱扔垃圾遇到的抵抗也是最小的。政府监管成本太大也是一个问题。因此，要让所有人都参与进来，所有人都关心环境、爱护卫生。同时加强对群众的生态意识教育也至关重要。

　　坚持共建共享，人人参与，从自我做起，从小事做起。要分享好生态利益，做到权责一致、风险共担、利益共享相结合，才能真正解决好环境问题。潘岳认为："环保部门最重要的事情，不是刮起'风暴'，而是建立公众参与环保的机制。"② 一个有效的公众参与机制，就是把极端的环境事件纳入理性、建设性参与的机制中来。保护生态、改善生态不仅可以直接提高自然生产力，还可以增加社会生产力。当前，有良好生态的地区完全可以发挥其优势，将自然生产力维护好，保持其可持续生产能力，使其造福于人民。"正义理论会涉及这样的问题：是否应该对经济制度作出安排，从而使每个人都得到资源的平等份额，或者使份额的分配促进最不利地位者利益的最大化。"③ 2022 年，生态环境部网站上公布了我国出现的一些环境事件，大多数情况是民众缺乏获取信息的渠道，发现污染事件后缺乏申诉渠道，最后导致事件的发生。为此，要保证每个人都有渠道参与环境制度的制定，有渠道参与到保护环境中来，有渠道申诉。

第三节　弘扬生态文化，让道德与法律共同规范公众生态文明行为

　　人的活动也受到文化的影响。要尊重地方文化，做好生态保护工作。中

---

① 周国文主编《西方生态伦理学》，中国林业出版社，2017，第 214 页。
② 转引自曾建平《环境公正：中国视角》，社会科学文献出版社，2013，第 254 页。
③ 王韬洋：《环境正义的双重维度：分配与承认》，华东师范大学出版社，2015，第 83 页。

国优秀传统文化中蕴藏着解决当代人类难题的重要启示,其中也包括关于人和自然关系的理念和思想。我们要尊重地方生态文化,因为地方生态文化主要来源于人在长期的生存实际中积淀起来的经验常识、道德戒律、风俗习惯、宗教礼仪,它是一种常态化、模式化的文化精神或者人类知识,它以群体的认同方式显现其力量。

(一)大力弘扬敬畏生命,生命至上的生态文化

保护生态,爱护环境,就要敬畏生命,做到道德上自律。在欧洲,法国思想家阿尔贝特·史怀泽提出了敬畏生命的理念,主张人应该共同体验和保护生命,要像敬畏自己的生命意志一样敬畏所有的生命意志,善待所有的生命意志,保护和促进生命体的自然生成,阻止或防止毁灭生命。"敬畏生命"将人的关爱和责任明确地从人向动物、植物等所有生命延伸。史怀泽从休谟的"同情学说"中找到了敬畏生命的心理原则。休谟认为,自然已经授予我们一种体验他人痛苦和快乐的一切能力,我们要像体验自己的快乐、忧虑和痛苦一样去体验他人的一切。这是一种连接我与他人的"共振的弦",天然的善意促使我们与他人共生存,为他人和社会而尽力,避免痛苦,享受快乐。这意味着人能够通过同情共感的心理机制体验他人快乐或痛苦的情感,并根据这种情感感受去辨别善恶和决定行动。不过,休谟的同情仅限于他人,史怀泽认为:"动物和我们一样渴望幸福,承受痛苦和畏惧死亡,那些保持敏锐感受性的人,都会发现同情所有动物的需要是自然的。"[1]

敬畏生命的理念告诉人们,不要看结果如何,只要是生命,就要给予尊重、保护。敬畏生命的伦理要求人必须尽一切可能保护和尊重生命,不能毁灭生命。立足于自然价值论,罗尔斯顿认为,自然是生命的系统,是充满生机的进化和生态运动。[2]

我国古代思想对生命的保护非常重视。《田律》记载:二月不准到山林中砍伐木材,不准堵塞水道。不到夏天,不准烧草作为肥料,不准采摘刚发芽的植物,或捉取幼兽、鸟卵和幼鸟,不准……毒杀鱼鳖,不准设置捕捉鸟兽的陷阱和网罟,到七月解除禁令。只有因死亡而要伐木制造棺材的不受季

---

[1] 〔法〕阿尔贝特·史怀泽:《敬畏生命》,陈泽环译,上海社会科学院出版社,1992,第88~89页。
[2] 转引自周国文主编《西方生态伦理学》,中国林业出版社,2017,第117页。

节限制。①

中国传统文化视人与天地万物为一个相互联系的有机整体,认为它们都是由同一宇宙本原所创生,因而都是有生命的存在物,相互之间处在血肉相依的生态联系之中。早在周代就有天地人"三才"之表述,即天地人是一个统一的整体。老子在《道德经》中认为,"人法地、地法天、天法道,道法自然",②把自然法则看成宇宙万物和人类世界的最高法则。在老子看来,天、地、人三才合一,才能使整个世界呈现出和谐安宁充满生机的景象。由"道"生成的天地万物是一个整体,天道与人道、人与自然是一个统一的整体。"道"是天地万物之源,是支配制约天地万物的总法则,宇宙间的一切自然之物以"道"为最大的共性和最初的本原,以此构成有机统一的整体。老子认为,无论天地万物形态如何变幻,都离不开其固有的本质,人是自然界的一部分,是天地万物中最有智慧的。但是,人与自然界一样,皆以"道"为本原。世间万物都依靠"道"的养育而生长,因此,道家认为人与自然要和谐相处,《道德经》第四十二章指出:"万物负阴而抱阳,冲气以为和。"世间万物皆是由阴阳共同组成,彼此之间相互联系,和谐共处。中国古代"天人合一"的生态观立足人与自然的和谐,主张人应顺应自然的规律,自律性地利用自然,与自然长久共生、共存、共处、共荣。

从文化培育上看,要培育群众的生态意识和辩证思维,让群众形成正确的生态观和消费观,让群众养成良好的生活习惯,形成健康的消费文化。生态利益的实现要求摒弃"二元对立"的思维方式,反对零和博弈,坚持人与自然和谐共生的两点论、辩证法,整体推进生态利益的实现。在消费意义上,杜绝异化消费、炫耀消费,主张"合适自己的就是好的"理念,让消费回归其本来意义。在消费数量上,倡导合理消费、适度消费,限制不合理消费,倡导"足够就行"的消费共识。在消费质量上,提倡绿色消费、健康消费、理性消费,禁止使用不可降解的塑料制品等。在消费内容上,拓展精神消费、文化消费、艺术鉴赏等消费内容,形成绿色生活方式和消费方式,形成良好的生活习惯和行为习惯。

---

① 裴广川主编《环境伦理学》,高等教育出版社,2002,第77页。
② 《老子》第二十五章。

（二）践行生态伦理，发挥道德文化的力量

人们对生态的认知不能停留在口头上，需要落实到行动中，践行生态道德，自觉培养良好的生活方式和习惯。深生态学认为，人类面临的生态危机在本质上是文化危机，其根源在于人类的价值观念、行为方式、社会政治、经济和文化机制的不合理。需要确立保证人与自然和谐相处的新的文化价值观念、消费模式、生活方式，才能克服生态危机。① 深生态学重视文化，虽然提出的解决举措不是很科学，但它对文化的重视还是值得研究的。霍尔姆斯·罗尔斯顿认为，自然不仅是资源库，更是人类栖息心灵的居所。现代人们对森林的渴望远远超出对资源的渴求，它是休整身心、洗涤心灵的处所。当然，如果不懂得森林，就难以达到心灵洗涤的效果，在罗尔斯顿看来，去荒野休闲，不是攀爬带来的一些幸福感，还应有更多的意义。罗尔斯顿1986年出版的《哲学走向荒野》，认为生态伦理不仅扎根于"自然价值论"，还扎根于"荒野"，赋予充满多样性的荒野以极高的价值。荒野是价值之源、生命之源。人类要弄清自己与这片土地的有机联系。"进入荒野实际上是回归我们的故乡——我们是在一种最本原意义上来体会和大地的重聚。"② 荒野是进行真正的精神生活的必要的处所，是哲学与宗教的一种"场"。心灵在荒野中的沉浸，不仅是消遣，也是一种再创造的体验。从这种体验中，人类产生了对自然的认同。精神的存在与大自然存在的方式具有某种同构性。③

要确保人类自觉对自然资源的开发控制在自然生态系统的承受能力范围内。老子认为，自然法则不可违，人道必须顺应天道，人只能"效天法地"，将天之法则转化为人之准则。他告诫人们不妄为、不强为、不乱为，顺其自然，因势利导地处理好人与自然的关系。《孟子·尽心上》曰"亲亲而仁民，仁民而爱物"，就是说，不仅要爱护自己的同胞，而且要扩展到爱护各类动物、植物等自然生命。尊重自然的理念，强调人类应当担负起保护自然界以及其他生物的道德责任和义务，尊重与爱护大自然，以仁慈之德包容与善待宇宙万物，体现出对生态价值利益关系的独特思考和生态智慧。

生态文化在生态保护中具有重要作用。地方上也形成了具有各自特色的

---

① 周国文主编《西方生态伦理学》，中国林业出版社，2017，第147页。
② 转引自周国文主编《西方生态伦理学》，中国林业出版社，2017，第111页。
③ 转引自周国文主编《西方生态伦理学》，中国林业出版社，2017，第112页。

保护生态环境的文化素材，其协调天人关系的高超智慧和成功经验，对保护生态环境具有诸多启迪，是生态伦理建构十分重要的精神资源。要重视乡村在保护环境、治理环境中的作用，如在一些地区，历史上的"杀猪封山""生子植树""刀斧不入"等的生态理念深入人心。在贵溪市樟坪畲族乡，人们把保护好自己的绿色家园看得跟生命一样重要，在该乡境内，路旁的树、水里的鱼、阳标峰生态自然保护区，这三种东西不能碰的规则妇孺皆知。这些生态文化在保护环境中功不可没。江西的生态文明建设取得一定的成绩，也与江西深厚的地方生态文化具有一定的关系。如景德镇的陶瓷文化、赣南的客家文化、抚州的临川文化、吉安的庐陵历史文化等，都蕴含着生态保护的重要因素。

要培养人们保护环境的自觉性，需要培养人们的生态美德观。人与自然是生命共同体，没有自然，人类也将不复存在。破坏自然，也就破坏了人类生存的基础。人们要形成保护自然、珍爱生命的美德，要共同维护好这个生命共同体，让这个共同体变得更加美好。这是每个人的道德责任，也是共同的道德义务。要将人对环境的态度纳入美德领域思考，借此形成环境方面的美德教育和美德理念，促使人们形成良好的道德行为。1983年，美国学者托马斯·希尔在《人类卓越的立项与保护自然环境》一文中首次提出了环境美德伦理概念，从美德伦理向度来研究生态伦理。环境美德伦理的最终目的是要培养具有环境美德的生态公民。美德伦理学家罗莎林德·郝尔斯特豪斯认为，环境美德伦理依据美德伦理来捍卫"绿色信仰"，可以通过旧的德目拓展和创建新的德目来实现。[①] 要形成人与人之间的审慎、仁慈、节制、同情、谦逊等环境美德；要基于人与自然关系的视角重新考量人与环境之间的如节俭、热爱、感恩、关心、同情、创造力、节制、忠诚、诚实、勤奋等美德。[②]

在理念上，开展环境保护教育，增强环保意识。通过环境新闻进行环境教育，让公众养成绿色消费的习惯，使建设生态文明的观念深入社会、深入家庭、深入人心。当前，还有部分群众环卫意识淡薄且养成了不注重环境卫生的生活习惯，有的农户依赖思想较为严重，参与环境整治的主动性和积极性有待提高。应开展学校生态意识培育、生态责任教育，让环境意识进教

[①] 转引自周国文主编《西方生态伦理学》，中国林业出版社，2017，第219页。
[②] 转引自周国文主编《西方生态伦理学》，中国林业出版社，2017，第195页。

材、进校园。"环境意识是人与自然关系在人们头脑中的反映,主要是指人们对人与自然关系的认识、态度、观念和行为取向等的总和,表征的是现代人的一种道德素质、道德人格。""哲学环境意识包括人们对环境的认识水平即环境价值观和人们保护环境行为的自觉程度,这种意识具有三层思想内涵:其一,它是人的自我理解,自我反思;其二,它是人对自身的自我关怀,其三,它是自觉的人类意识,是人的一种主动的、自觉的精神要求。"①环境权利意识和环境责任意识最为重要。当前,"人们在相当程度上把自然环境视作与己甚远的公共物,在权利受到伤害时,既不可能意识到自己是环境权利的主体,更不知道或敢于对实施者提出控告,以维护自己的人权;在需要履行义务时,既没有意识到自己肩上所负有的深重责任,更缺乏自觉性、主动性、自为性和自律性"。② 许多环保政策带来的成本会立即产生,甚至会持续很长一段时间,而其收益却要在遥远的将来才能看到,因为人们总是过分在意今天的成本,而忽视了未来的收益。③

目前,加强公民的合理消费的教育十分重要。要教育广大群众树立资源有限、理性消费的理念,使消费方式生态化。在生活消费方式方面,要改变传统的消费模式,树立健康消费方式。社会生活中出现了享乐式、炫耀式消费及追求奢华等不良风气。我们应当倡导和树立绿色消费、适度消费的生活方式,提倡节俭的生活方式,减少不合理物质消费,把对生活质量的追求更多地转向精神生活。对青少年进行勤俭节约光荣、浪费可耻的教育,从日常生活中做好生态保护。只有当人们从内心里树立资源有限的思想,从实际行动上自觉保护环境时,人们才会获得更大的利益和更好的环境。

开展植树活动,树立植树光荣的思想,鼓励企业的环保行动。设立环境保护奖,对环境贡献者进行物质与精神奖励,不让破坏森林者获利。

要充分发挥群众在生态文明建设中的积极性,让贡献多者获得更多的生态利益,破坏者受到更多的惩罚。

---

① 林兵、赵玲:《理解环境意识的真实内涵——一种哲学维度的思考》,《长春市委党校学报》2001年第6期。
② 曾建平:《环境公正:中国视角》,社会科学文献出版社,2013,第253页。
③ 〔美〕杰弗里·希尔:《生态价值链——在自然与市场中建构》,胡颖廉译,中信出版集团,2016,第178页。

(三) 运用法治思维规范人的行为，为自然力可持续发展提供制度保障

造成环境不正义的原因多种多样，"既有历史的原因，也有现实的原因；既有社会结构、社会体制的原因，也有理论上、学理上的原因"。[①] 如何才能建设好美丽中国，让每个人都能享受"蓝天碧水"，形成人与自然命运共同体？环境正义在尊重自然整体性、系统性和有机性基础上实现人与人生态利益的公平、公正分享，避免对弱势群体造成不必要的环境负担。制度是对人们行为的规范，是对环境正义的具体落实。合理的制度能持久性地保护好自然，促进人和自然的和谐。不当的制度却保护少数人的利益，维护少数人的权益。

自然界的长远利益需要充分发挥制度的"利长远"作用。人们对未来的期望值需要制度来规范。如果生态制度没有考虑未来的利益，人们宁愿享受当前利益而不愿意投入时间精力去守护长远利益。因此，制度的制定要让人们看到未来的利益和希望。制度具有"稳预期"的作用。要让规范保障人们未来的利益。从制度上规划好自然资源的利用，防止私人占有破坏整个环境利益。从理论上看，自然资源具有经济学、生态学、美学、社会学等多种意义特征。从经济价值来讲，自然资源是具有经济利益的财产。从生态、美学、社会价值来讲，自然资源具有维护生态平衡、美化环境等生态价值。因此，自然资源具有多种属性，一是作为生产资料而进入生产领域所具有的属性，二是作为生活资源而进入公众生活领域的属性。市场活动主要是围绕自然资源的经济利益而展开的。自然资源的这些特征和优势需要制度来加以确定和规范，需要人们共同遵守规范。当然，自然资源更多的是表现为生产资料的功能，它具有一般性财产权利的性质。这种资源是属于私法意义上的"产权"。而制度具有"固根本"的作用。公有制和私有制在规范自然资源的作用方面是不同的。在资本主义市场经济中，人们往往忽视资源的生态社会功能，而自然资源的生态社会价值，承载着生存的基本条件、社会的公共利益，是整个生态包括人类生活的重要前提。在私有制下，自然资源的占有者往往只看到其经济价值，对于生态价值弃之不顾，除非它能带来经济利益。而在公有制下，自然资源的经济价值固然重要，但全体社会成员的生存安

[①] 曾建平：《环境公正：中国视角》，社会科学文献出版社，2013，第31页。

全和对幸福生活的追求是国家一直致力的目标。经济安全只是其中的一个方面，因此，公有制具有私有制无可比拟的优点。

更为重要的是，在处理人与自然关系方面，私有制是无能为力的。无论是有效监管还是有效调控，都需要整体性和系统性来进行统筹兼顾、妥善安排。任何条块分割都不利于生态保护和人们的生态利益的保护。公有制更重视整体利益，有利于解决系统性生态问题。

当然，我们并不是不要市场、否定自然资产产权制度。市场具有节约资源、较为公平地反映资源稀缺状况的优点，能促使企业提高效率、提高生产力。因此，利用好市场，也是保护好环境、节约自然资源的一个重要手段。自然资产产权制度还有利于落实责任，实现权利与义务的统一，实现"谁利用谁付费""谁破坏谁受罚"的激励作用，从而达到环境保护的目的。因此，市场与政府"两只手"都不能少。而在西方，资本的力量控制着一切资源，而政府只是"配角"。在我国，一方面，对于进入再生产领域具有经济价值的自然资源，市场对它实行高效、节约开发和利用；另一方面，对于进入社会领域具有生态价值的自然资源，政府重视对其的保护。维护整体利益的公有制能运用经济手段和财政手段，维护人与自然关系的和谐。同时，公有制也照顾到所有社会成员的利益，包括弱势群体的生态利益，维护弱者的生态权益。

当前，如何发挥公有制的特点，从体制机制上维护生态系统性和整体性，保护弱势群体的生态利益？环境领域的问题复杂，涉及无数个人和企业，政府也无法完全控制其行为。因此我们需要引入市场机制。当然，我们要在利用市场机制的同时，也要防止其不利的一面。

充分利用市场机制，促进自然资源的使用权分配和经营权运作，大力发展生态产业、循环产业。利用市场机制进行资源的优化组合，使"物尽其用"，从而达到节约资源的目的。近年来，国土资源部等7部门发布《自然资源统一确权登记办法（试行）》，国务院发布《控制污染物排放许可制实施方案》，中共中央、国务院发布《关于加强耕地保护和改进占补平衡的意见》等，都是在充分利用市场调节机制，进一步加强对资源的有效利用，推进碳排放、排污权等生态产品交易市场建设，推动形成"受益者付费、保护者得到合理补偿"的多元化补偿机制。当前，资源低价、环境廉价的局势并没有根本改变。由于价格低廉，资源大量被浪费；由于惩罚过轻，污染仍然在排放。因此，扭曲的自然资源价格体系不利于环境保护与资源利用。提高资源价格，增加资源使用成本，促使资源型企业走集约式生产道路，使它们不断提高效率、节约资源成为必要。最有效的方式是利用市场机制，实现资源优化组合。要发挥资源配置的作用，淘汰落后产业与高耗产能，支持绿色低碳产业、循环产业发展，促使产业向集约式生产转变。党的十九大报告指出："我们要建设的现代化是人与自然和谐共生的现代化，既要创造更多物质财富和精神财富以满足人民日益增长的美好生活需要，也要提供更多优质生态产品以满足人民日益增长的优美生态环境需要。"[1]

为了适应市场的要求，政府应开展自然资源产权登记制度。发挥市场的有效作用，需要在尊重自然规律、顺应自然发展趋势基础上，发挥生态产品的市场功能。生态产业化经营是以良好的自然生态环境为基础，以提供生态产品和服务为主要手段，以实现生态价值增殖为目标导向的产业资本运动过程。目前，我国以市场为主体的生态制度建设日显清晰。我国利用市场机制进行产权确权，形成了归属清晰、权责明确的自然资源资产产权制度。在流通过程中，发展环保市场，推行节能减排，实行碳排放权、排污权、水权交易制度，推行环境污染第三方治理等，促进资源的节约集约利用。在分配中，陆续出台"谁受益，谁付费"政策，维护生态权益方面的权利与义务平衡，减少利益分配不均。从制度上保护绿色循环产业，淘汰落后耗能产业。

当前，要改变地方 GDP 考核制度，建立跨部门、跨区域的综合生态系统管理机制和监督机制。该如何管理企业的"搭便车行为"？如何避免"砍树有产值，种树无产值"的现象？正确的监督和考核是政府职责之所在。完善产权法律法规，明确"搭便车"行为的定义、范围和法律责任。建立监督机制和督查制度，利用大数据、人工智能等技术手段，建立对企业破坏行为或污染行为的监测机制。加强这些部门之间的沟通与协作，鼓励公众参与监督，设立举报奖励制度，加强媒体监督，形成合力，防止资本对生态利益的侵犯。建立企业信用体系，对存在"搭便车"行为的企业进行信用惩戒，如限制其参与政府采购、招标投标等活动，推动社会经济的健康发展。

---

[1] 习近平：《决胜全面建成小康社会 夺取新时代中国特色社会主义伟大胜利——在中国共产党第十九次全国代表大会上的报告》，人民出版社，2017，第 50 页。

第六章　环境正义的地方实践探索

环境正义，涉及生态保护和绿色发展等多个方面，仅就生态保护而言，环境保护是一个综合性很强的任务，它涉及地理、气候、文化、经济等多个方面。每个地方都有其独特的生态禀赋和不同的环境发展状况，因此，因地制宜制订地方的实践探索方案至关重要。在湿润的南方地区，我们可能需要更多地关注水资源的疏通和合理利用，而在干旱的北方地区，则可能需要加强节水灌溉和土壤保水技术的推广。城市地区可能面临着严重的工业污染问题，而农村地区则可能更关注农业面源污染问题。新时代我国生态文明建设方面也存在发展不平衡不充分的矛盾，因此，在制订地方的实践探索方案时，我们需要充分考虑到当地的自然环境和社会、经济条件，以及面临的主要环境问题，通过制订科学合理的方案，更好地保护当地的生态环境，促进可持续发展。诚然，推动生态文明建设需依据各地实际情况，但这并不意味着要牺牲或忽视整体社会的共同利益，也不是要超越共同体的界限，而是强调不同地区间的协同合作、相互支持、团结一致，共同为这一目标奋斗。习近平总书记指出，"山水林田湖是一个生命共同体"。[①] 秉持共同体理念，就是从系统性全局性角度出发，注重顶层设计，确保各项措施在整体上相互协调、相互促进。要重视生态整体性，从整体上把握系统的结构和功能，以实现系统的最优性能和最佳效益，避免"头痛医头，脚痛医脚"；重视自然利益分配的公正性，统筹兼顾，整体施策，避免弱势群体生态利益被忽视；重视保护与发展相结合，资源利用与环境修复治理相结合，避免只图索取不讲回报；重视人民群众共同参与、共享美好环境，把建设美丽环境转化为全体人民的自觉行动、全人类的自觉行动，避免少数人保护而大多数人置身事外；等等。

[①] 《习近平著作选读》第 1 卷，人民出版社，2023，第 173 页。

第六章　环境正义的地方实践探索

本章从生态环境部网站和有关省份发改委主编的案例中挑选了来自东部、中部和西部地区的五个具有代表性的案例，就它们在生态文明建设方面的实践进行深入解析，就环境正义在不同地域的具体实施状况进行概述，以说明只有当个人的生态权益与整个自然保护以及国家利益紧密联系时，个人的权益才能得到有效的保障。环境正义的实现，意味着在个人、社会、国家利益，以及自然利益和当代、后代福祉之间寻求一种平衡与和谐，确保各方面的利益在协调一致的基础上实现可持续发展。环境正义不仅能够维护个人的基本且合理的权益，还能确保这些权益能够在长远时间上持续存在，最终实现整体利益、长远利益与当前利益的和谐统一。

第一节　江西：保护自然生产力就是保护绿色这一最大的底色[①]

开展山水林田湖草生态保护修复是保护生产力的重要内容。保护自然就是保护生产力，是江西省贯彻绿色发展理念的重要任务，是破解生态环境难题的必然要求。江西省将鄱阳湖流域作为一个山水林田湖草生命共同体，全力打造"山水林田湖草生态保护样板区"，打造成"全国山水林田湖草综合治理样板区"，为自然生产力保护树立了样板。

（一）主要做法

1. 坚持系统观念，科学制订全省水土保持规划

江西省牢固树立山水林田湖草生命共同体理念，认真贯彻落实党中央、国务院关于统筹山水林田湖草系统治理的部署要求，坚持尊重自然、顺应自然、保护自然，率先出台一系列省域山水林田湖草生命共同体保护和建设行动计划。2016 年 12 月出台的《江西省水土保持规划（2016—2030 年）》，为全省水土保持工作提供了重要依据。整个规划将全省划分为"一湖六源七片"[②]，

[①] 本案例选自江西省发展和改革委员会、东华理工大学编《生态文明建设迈上新台阶——国家生态文明试验区（江西）制度创新》，江西人民出版社，2020，"第二章　构建山水林田湖草系统保护与综合治理制度体系"相关内容，收入本书时有较大修改。

[②] "一湖六源七片"即鄱阳湖，赣、抚、信、饶、修"五河"和东江源头，7 个省级以上水土流失重点治理区。

根据区划提出水土流失预防、治理、监管总体方略和水土流失防治战略。遵循"统筹兼顾、系统治理，因地制宜、分区防治，突出重点、分步实施，预防优先、综合监管，科技引领、创新发展"的基本原则，统筹山、江、湖等生态要素，科学开展保护、开发与治理的活动，为自然生产力保驾护航。

首先，坚持预防为主，保护优先。以"一湖六源七片"预防保护为抓手，积极保护江河湖水源头，包括风景名胜区水源保护区、重要饮用水水源地、森林公园和重要生态功能区、自然保护区等源头水的预防保护。发挥科学技术的作用，开展水土流失及其防治的动态监测、评价和定期公告制度。建设水土保持基本监测点、监测网络和监测管理系统，同时，加强平台研究，依托江西省相关科研院所以及高校，推进水土保持科技创新平台建设。到2019年底，全省共建设11个省级水土保持科技示范园和7个科研推广基地。

其次，以森林覆盖率为抓手，继续做好人工造林、封山育林、退耕还林、森林质量提升等工作。以乡村风景林建设为抓手，加强森林资源保护，加强湿地保护与修复，加强天然草地资源的保护。推动湖泊保养与休养生息，构建健康的湖泊生态系统。开展矿山生态系统治理与修复，加快推进矿山山地复垦，推进矿山地质环境恢复。加快推进绿色矿山建设，推进水生态保护修复，强化江河源头和水源涵养区生态保护。

最后，坚持统筹兼顾、科学治理。在水土流失区以小流域为单元开展水土流失综合治理，科学规划设计，同步实施流域水环境保护与整治、矿山环境修复等系统治理五大工程，实现了"山上山下、地上地下、流域上下游"同时治理，"上拦、下堵、中间削、内外绿化"全方位蓄水保土。生态化疏河理水，多元化治污洁水，创新生态修复模式，改善水土流失区生态环境和农村生活生产条件。同时，积极推进生态清洁型、生态经济型、生态安全型和生态旅游型"四型"小流域建设。

2. 以生命共同体为理念，整体推进山水林田湖草建设行动

江西省按照"尊重自然、顺应自然、保护自然"的原则要求，对山水林田湖草开展治理工作，对山上山下、地上地下、陆地海洋以及流域上下游进行整体保护、系统修复、综合治理，切实改变治山、治水、护田各自为战的工作格局。

强化分区系统治理，加大治理力度，实施自然生态空间综合整治工程，切实提升山水林田湖草生命共同体质量。加强"五河"①源头保护区、国家和省级重点生态功能区、生态红线保护区等生态保护空间综合整治。开展农村生态空间综合整治，积极优化城镇国土生态空间格局，推进城镇地上地下空间综合开发。实施工业污染防治综合治理，城乡生活污水垃圾专项治理行动。实施土壤污染治理行动，进行污染环境质量分离管理。实施农业面源污染防治行动，推进农药化肥用量零增长。实施水环境突出问题整治专项行动，开展城市黑臭水体整治。实施环境管控行动计划，严禁在全省长江干线、主要支流和鄱阳湖周边岸线一公里范围内新布局化工、造纸等企业。

3. 以河长制、山长制、林长制等为抓手，健全山林河湖保护与管理制度建设

自然力保护重点在森林。江西省以制度为抓手，加强制度供给，制定完善《关于全面推行林长制的意见》等政策，全面探索具有江西特色的生态文明建设制度体系，全面提高山水林田湖草综合治理水平。加强山水林田湖草保护修复与利用的制度建设，重点解决管理职能交叉、权责不明、难以落地等突出问题，出台河长制、山长制、林长制等制度规范，落实责任到人。围绕"统筹在省、组织在市、责任在县、运行在乡、管理在村"要求，严格落实各级林长责任，保护好绿水青山。

建立自然资源产权制度，推动所有权与使用权的分离。建立全方位国土空间管控制度，严守耕地保护红线，坚决落实最严格的耕地保护制度和节约集约用地制度。统筹主体功能区规划，实现"多规合一"，全面落实重点生态功能区"负面清单"制度。严守生态保护红线，严守水资源管理"三条红线"，推动生态保护红线立法。建立用水总量控制、用水效率控制、水功能区限制纳污、水资源管理责任与考核四项制度。健全湿地生态系统修复与补偿制度，出台鄱阳湖重要湿地生态补偿试点实施方案，建立鄱阳湖湿地检测评价预警机制。

实行最严格的森林资源保护管理制度，保护森林资源。在采伐方面，严格森林采伐限额管理，加强天然林和公益林保护。在野生动植物管理方面，严禁进山捕获野生动物，加强生物多样性保护。严格野外用火安全，加强森

---

① "五河"是指：赣江、抚河、信江、饶河、修河。

林防灾减灾能力建设。同时，构建行政村林长、监管员、护林员"一长两员"的森林资源网格化管理体系，确保每块林地都有专人负责管理。利用高科技保护森林资源，在自然保护区、国有林场等重要生态区域，探索建立"互联网+"森林资源实时监控网络，利用卫星遥感监控常态化监控森林，及时掌握森林资源动态变化。

（二）探索经验

绿色是江西省的底色。江西省地处亚热带湿润区，全省气候温暖，日照充足，雨量充沛，适合动植物生长，动植物种类繁多。良好的生态条件孕育着丰富的自然生产力。筑牢"绿色"基底，保护自然生产力，是每个江西人民的责任。

江西省把打造我国南方重要的生态安全屏障作为历史使命，坚持全省一张图，人民齐使力，将系统性修复与治理作为基本遵循，尊重自然、顺应自然、保护自然，贡献生态产品，保护自然活力，护好生态底色，使生态环境持续改善，城乡人居环境明显改善。森林覆盖率长期居于全国第二位，鄱阳湖作为中国第一大淡水湖，被誉为"中华之肾"，是长江江豚重要栖息地和种质资源库。

江西人民从系统性出发，围绕山水林田湖草一体化保护，守护好鄱阳湖"一湖清水"。鄱阳湖的源头在赣江，赣江的源头在赣州。抓好赣州的生态保护与生态治理，就是抓住了问题的根本。赣州市创新山地丘陵地区山水林田湖草系统保护修复模式，把山水林田湖草作为一个整体，加快实施重点生态保护修复工程。在治理后的废弃矿区种植经济林果、发展生态旅游，实现变废为宝，助力乡村脱贫与振兴发展。

江西省在实施山水林田湖草保护修复方面，形成了整体性、系统性试点工作体系。在水土保持与治理、生态扶贫、矿山修复与利用等方面特色鲜明。在推进流域水环境保护与整治、矿山环境修复、水土流失修复、生态系统与生物多样性保护、土地整治与土壤改良等五大类生态建设工程取得预期进展，探索了"生态修复+绿色产业"发展思路，形成了"土地整治+农业产业发展"模式。赣州市统筹推进水土保持综合治理转型升级，创造了水土保持生态治理的"赣南模式"，进一步巩固南方生态屏障安全。在废弃矿山修复与利用方面，赣州在废弃稀土矿山环境治理中，创新管护主体、管护责任、管护措施,因地制宜探索出"三同治"、"林(果)—草—渔(牧)"、"猪—沼—林(果)"、工业园等多种治理模式。探索的废弃矿山修复"三同治"模式,得到中宣部、财政部、自然资源部肯定。

全面推行林长制,主体责任全面落实,明确省、市、县、乡、村五级林长。强化森林资源源头管理,建立行政村林长、基层监管员、专职护林员"一长两员"源头管理架构,推进森林质量提升和资源利用。加快重点区域森林绿化美化彩化珍贵化建设,实施森林质量提升工程,森林覆盖率稳定在63.1%,成为全国首个"国家森林城市""国家园林城市"设区市全覆盖省份。

江西省人民保护青山绿水,保护自然生产力,守好人与自然生命共同体的健康安全,对于维护长江流域的生态稳定、推进国家生态文明建设、实现人与自然和谐共生等具有重要意义,江西省也因此成为国家生态文明建设示范区之一。

第二节 贵州:挖掘特色产业,破解区域发展和生态保护难题[①]

贵州省是我国西南腹地经济欠发达省份,由于其特殊的地理位置,经济长期得不到充分发展。但贵州省留住了青山绿水这一生态财富。贵州省抓住生态文明发展机遇,确立"生态优先、绿色发展"战略,立足赤水河这一"贵州的生态河、美景河、美酒河、英雄河"这一基本省情,在破解发展和保护这对矛盾中,积极落实"在保护中发展,在发展中保护"的"双赢"策略,以新的视野促使绿水青山转变为金山银山。

(一) 主要做法

1. 以"明确责权"为基础,加强自然资源利用管理和审计制度构建

绿水青山能带来宝贵的财富,但若缺乏科学合理的制度规划,再优美的自然环境也无法转化为经济上的富饶。赤水河生态环境保护中就存在对自然

---

① 生态环境部, https://www.mee.gov.cn/2019-09-02, 原来的题目为《美丽中国先锋榜(13) | 贵州赤水河流域生态文明制度改革的创新实践》,收入本书时有较大修改。

资源资产产权边界不清晰的问题。由于产权边界不清晰，谁也不会负责，谁也不愿保护，谁也不愿投资，但谁都愿意排放污染物。资源产权制度无法确保产权主体获取其应得的资源回报，常常会导致收益损失或被侵犯等一系列问题。针对这些问题，贵州省委、省政府提出要"建立流域资源使用和管理制度""建立自然资源资产审计制度"。在"摸清家底"基础上，立足"底线"，对水流、森林、山岭、草原、荒地、湿地等自然生态空间进行统一确权登记，加强流域生态保护红线制度建设，出台自然资源有偿使用制度，强化红线刚性约束，切实做到守"线"有责、守"线"尽责。将保护义务与使用权利相结合，将生态环境质量目标同流域产业发展、扶贫开发等挂钩，对环境保护好的地区进行适当的政策倾斜。

2. 立足长远利益，认真贯彻落实河长制等"长效机制"

水是贵州省经济发展的关键生态要素。美味的酒离不开干净的水，因此，抓好水生态，做好水文章，是贵州省的一项重要工作任务。赤水河流域遵义段，由于早期乱、散，小白酒企业追求短暂利益、眼前利益，随意向赤水河倾倒污染物，使得赤水河局部水体受到污染。有段时间赤水河水体中总磷、氨氮等污染物居高不下。为改善河流水质，贵州省把赤水河纳入"河长制"考核对象，进一步落实地方政府对本辖区环境质量负责的法律责任，河长制考核对象为赤水河流域内各"河长"。在考核内容上，要求各"河长"确保各年度计划、项目、资金和责任"四落实"，并由贵州省生态环境厅对"河长"上年度目标任务完成情况进行考核。河长制的实施，将地方考核与环境质量直接关联，从而形成了地方政府各部门齐抓共管的局面，最大限度地整合了各级党委政府的执行力。贵州省委、省政府以河流考核断面水质监测结果为标准，每年安排1000万元作为河长制环境保护奖励资金。对达标的"河长"所在地政府给予奖励，达不到要求的不予奖励，甚至对水环境质量严重下滑的"河长"按照有关规定进行问责，从而倒逼地方政府改进办事方式，关停本地污染性企业，改进工艺技术，促使所在地企业转型升级。

3. 立足"上下游协同共治"，将治水贡献与产业发展机会结合起来

生态保护不是守住青山绿水过穷日子。好环境酝酿好产业，好环境也催生好产业。要将保护生态与发展绿色经济结合起来，从环境保护中挖掘发展机会。通过赤水河流域生态环境治理和恢复制度，将生态环境质量目标同流

域产业发展、扶贫开发等挂钩，统筹流域产业发展。

根据赤水河流域产业发展特点，建立上下游产业发展和扶持制度，吸引一批绿色产业，加快转变传统农业产业结构。如在赤水河上游区域扩大酿酒原料高粱、小麦的种植规模。引进洁净医药、精密仪器、大数据等产业，带动当地经济发展。大力培育环境依赖性产业，如生态农业、医疗康养、休闲娱乐、林下经济等产业，通过筑牢绿色基座，引进无污染企业。总体上，通过调整赤水河上下游产业互助、水土流失共治、农业农村污染治理等综合性措施，统一加大上下游生态环境保护的力度，形成生态环境保护合力，拉动了当地经济发展。

（二）实施经验

贵州省认真贯彻落实党的十八大以来生态文明建设的总体要求，坚持问题导向，夯实绿色底座，挖掘金色产业，坚持保护与发展并进。运用系统思维和方法，正确处理好生态环境保护与群众致富之间的关系，既坚持了绿色保护，又将保护与产业发展联系起来，从保护中要发展，在发展中重保护，最终实现共赢。

生态环境保护并不是简单的环境保护领域的事情，它需要与经济发展结合起来，才能从根本上解决保护问题，而不能让人们守着绿水青山穷下去。贵州省在对自然生命力的保护基础上，立足于"干净的水酿出甜美的酒"这一共识，从"美酒"中要"产业"，将保护水源与实现产业发展结合起来。在顺应自然、尊重生态环境有机整体系统的基础上抓住生态经济这一核心，实现经济效益的持续提升，使产业结构与自然生态系统相生相成，实现了经济和生态的可持续发展。

赤水河践行"绿水青山就是金山银山"的发展观，坚决不走先污染后治理的传统老路，避免以牺牲环境为代价换取短期 GDP 增长，也不甘于守着自然资源却过着贫穷落后生活的局面。相反，它致力于探索一条生态优先、绿色发展的新道路，旨在实现百姓富裕与生态美丽的和谐共生。贵州省也纠正了单纯以经济增长速度评定政绩的偏向，纠正了"一条腿走路"的倾向，进行科学评价，实现"两条腿走路"。借助生态文明体制的改革，促进了环境保护与生态经济的融合，将环保工作与推动企业转型升级、转变政府职能、完善资源产权制度等措施紧密结合，从而使绿水青山转化成为金山银山。

实现保护和发展并举，需要系统性思维，整体性贯彻。推进生态文明建设时，需要充分考虑并尊重当地的自然生态基础，采用多样化的模式，并结合多种建设方法来综合施策。以水环境质量目标为基础，以美酒生产质量为靶向，以经济效益共享为激励，广泛吸引公司企业参与。以制度考核机制取代单一的指标考核，促使党政领导干部在任职期间切实履行职责，明确资源消耗上限、环境质量底线和生态保护红线，并使"自然资源资产审计制度"成为生态环境损害责任追究方面的有效补充措施。通过整合力量、出台制度，让"绿水青山"成为"金山银山"，让人民群众从环境保护中获得综合效益。实现一种在自然和资源可承受范围内，以节约资源、环境友好和生态保护为核心特征的发展路径。

第三节　浙江：全国首个跨省流域生态保护补偿机制的"新安江模式"[①]

环境正义离不开生态补偿。只有让环境保护贡献者也能获得利益，对环境贡献者进行相应补偿，才能促使人们保护自然、保护生态、维护环境正义。然而，生态补偿遇到一些问题，特别是条块分割的管理体制导致协调困难等。源自安徽黄山的新安江，横跨安徽省与浙江省两省，为千岛湖提供了超过68%的入库水量，对新安江及千岛湖流域而言，其对浙江省乃至整个长三角地区的生态环境安全具有举足轻重的地位。然而，流域上下游分属不同行政区域，水质保护长期单打独斗，各自为政，缺乏合作共治基础和平台，亟须建立体制机制统筹协调。怎样在保障上下游各方利益的同时，解决经济发展与环境保护之间的矛盾，从而维护流域的生态安全？2012年，新安江流域率先启动了全国首个跨省生态保护补偿试点项目，为其他跨省流域的补偿机制提供了宝贵的实践经验。

（一）主要做法

我国有许多河流跨省或跨市流动，这就涉及利益分享与责任分担的难

[①] 生态环境部，https://www.mee.gov.cn/2019-09-02，原来的题目为《美丽中国先锋榜（16）丨全国首个跨省流域生态保护补偿机制的"新安江模式"》，收入本书时有较大修改。

题。上游省份因保护水资源而可能失去的一些发展机遇，可以通过下游省份的补偿金得到一定的弥补。跨流域生态补偿机制通过财政转移等支付手段，可以解决流域上下游发展权不平等、生态经济利益不平衡等问题。新安江地跨皖浙两省，涉及协同配合、水质保护和利益分享等问题。为破解流域保护的整体性与管辖权分割的矛盾，促进区域协调发展，皖浙两省共同努力，在财政部、原环境保护部组织协调下，通过生态补偿机制，保护、改善水质，共同走上了互利共赢、协调发展的道路。

1. 建立权责清晰的流域横向补偿机制框架

安徽省与浙江省以财政部与原环境保护部共同发布的《新安江流域水环境补偿试点实施方案》为基础，分别在2012年9月和2016年12月签署了生态保护补偿的相关协议。这是一个跨省份的流域生态保护横向补偿协议。该协议对试点的目标、职责以及实施保障措施等内容进行了详细的阐释，两省相继展开了为期六年的两期试点工作。两省基于"成本共担、利益共享"的共识，坚持"保护优先，合理补偿；保持水质，力争改善；地方为主，中央监管；监测为据，以补促治"四项原则，通过签订协议清晰界定流域上下游省份的责任与义务，有效促进了上下游省份间的合作平台的搭建，成功构建了一个跨省份的流域生态保护横向补偿机制。

2. 加强流域上下游共建共享，打造合作共治平台

遵循"保护为先、河湖兼顾、互惠互利"的原则，浙江省与安徽省积极展开沟通协调，携手推进规划目标与重点任务的实施。两省形成了基于相互信赖、共同发展的良好合作态势，并分别建立了多层次的联席会议制度，定期或根据需要灵活组织交流研讨活动。

浙江省积极支持安徽省黄山市对接杭州都市圈，进一步形成优势互补、互利共赢格局。黄山市与杭州市深化合作伙伴关系，着力加强区域间的协同与联动发展。基于双方达成的多项合作协议，两地在生态环境联合治理、旅游资源整合共享、产业协同合作等多个领域持续深化合作，共同推动民生福祉，携手加强生态保护。黄山市优化产业结构，把生态、资源优势转化为经济、产业优势，如着力做好"茶"文化，做活"水"文章，实现了"草鱼变金鱼"，同时培育了山泉水等一批项目。

3. 实施新安江流域山水林田湖草系统保护治理

坚持上下游联合监测、联合执法、应急联动等，共同治理跨界水环境

污染。为提升水源涵养能力和加强生态建设，黄山市积极推进千万亩森林增长计划及林业绿化增效举措，使得森林覆盖率高达82.9%，并因此获得"国家森林城市"的荣誉称号。为了保护好清水水质，黄山市关停淘汰污染企业，整体搬迁工业企业，拒绝污染项目，优化升级项目。为了防止农业面源污染，黄山市大力推广生物农药和低毒、低残留农药，在新安江干流及水质敏感区域拆除网箱。黄山市大力鼓励公民参与到生态保护中来，通过与电商平台等合作打造"垃圾兑换超市"等，倡导节约适度、绿色低碳、文明健康的生活方式和消费模式，形成全社会共同参与的良好风尚。通过送生态保护文艺下乡、环保教育、生态科普等，提高大家的生态保护意识。下游淳安县也严格筛选项目，否决了投资近300亿元的项目，推动了产业转型升级。

（二）实践经验

新安江流域生态补偿机制是我国首个跨省流域生态保护补偿试点，这一创新性的制度设计，为流域上下游地区建立了共同的责任和义务。该机制不仅强调水质改善的结果导向，还以水质为核心，实现了生态产品价值的转化，实现了制度创新。两省的生态、经济、社会效益日益显现。经过两轮试点，流域水质不断向好，跨省界断面水质连年达到考核要求，千岛湖水质同步改善，富营养化趋势得到扭转，实现了以生态保护补偿为纽带，流域上下游生态保护、发展互利的"双赢"之路，为全国横向生态保护补偿实践提供了良好的示范和经验。

皖浙两省通过资金补偿、对口协作、产业转移、人才培训等方式，建立了多元化的补偿关系，激发生态保护动力。这种多元化的补偿方式，不仅增强了上下游地区的合作，也促进了地区间的经济和社会发展。新安江补偿试点充分表明了保护生态环境就是保护生产力，改善生态环境就是发展生产力。

"新安江模式"也进一步证明了群众参与的重要性，证明了生态环境不是某些人、某个人的事情。发挥群众的积极性，有效推动公众参与和社会监督是试点顺利实施的重要手段。两省邀请社会各界积极建言献策，参与到环境保护的决策中来。总之，在生态保护方面没有人袖手旁观，人人都是贡献者，人人都应该参与。

第四节 福建：南平深化集体林权制度改革，践行"两山"理念[①]

产权是基于所有权、使用权、经营权与管理权的一组权利关系，其作为一种制度设计和安排，用来解决物的归属和物的使用问题。通过对财产关系进行合理有效的组合与调节，明晰产权主体及其关系，可以激励产权主体高效率利用和有效保护资产。自 2003 年起，福建省南平市不断深化集体林权制度改革，成功实现了产权清晰、林地承包到户的目标，有效调动了林农投身林业发展的热情。然而，林权的高度分散也引发了一系列问题，如林业经营管理方式粗放、林地碎片化现象严重，进而制约了林业的规模化经营，阻碍了森林质量的提升，并使得森林资源的资产化、变现过程变得困难重重。新的问题出现，呼唤着新的思路。深化集体林权制度改革面临新问题、新挑战。

为切实解决现存问题，南平市以问题为引领，进一步深化了集体林权制度改革。通过林地流转盘活了林木、林地资产，解决了森林资源经营周期长、效益兑现慢、生产风险大的问题。通过融合流转管理、价值评估、担保服务、资源收储以及贷款发放等多项服务功能，构建了一个集森林资源管理、开发利用及运营维护于一体的综合性平台。以集体林权制度改革为核心，优化林业发展环境。通过创新林业投融资机制、创新林业经营办法以及引入市场化资金和专业运营商等做法，打通了"资源"变"资产"、"资源"变"资本"的通道，不仅解决了资源分散、经营破碎等问题，促进了林业分散资源规模化、经营方式产业化等，还提升了森林质量，完善了林业治理结构。

（一）主要做法

南平市秉持问题导向原则，在现代林业产权制度框架下，充分发挥政府的引领作用，在林业融资、技术创新、赎买机制改革及服务体系建设等领域实施了一系列创新举措，开创性地提出了"森林生态银行"模式。这一模式

[①] 生态环境部，https://www.mee.gov.cn/2019-09-02，原来的题目为《美丽中国先锋榜（28）| 福建南平深化集体林权制度改革践行"两山"理念》，收入本书时有较大修改。

的核心在于构建一个集森林资源管理、开发与运营功能于一体的综合性平台，旨在将原本零散、分散的森林资源进行统一收储与整合优化。通过吸引市场资本和专业运营团队的加入，该模式成功地将森林资源转化为具有经济价值的资产和资本，实现了资源的高效利用与增值。

1. 创新融资机制，引入金融资本助力林业绿色高质量发展

林业项目因投资回报周期长、收益率相对较低等特性，普遍面临着融资难度大、融资成本高的问题。长期以来，南平市的林业投资主要依赖于政府的有限补贴以及林农或合作社等小规模经营者的投入，形成了零散且缺乏规模的投资模式。怎么改？从哪里下手改？当时，南平市政府面前只有三条路可以走——林权抵押直接融资模式、政府购买服务模式和PPP模式。经过认真研究分析，以PPP模式推动国家储备林质量精准提升工程最适合南平实际。

面对加快项目落地的压力，南平市林业局仅用时66天，完成PPP项目招投标，12家单位组成的联合体为项目中标人。随着PPP项目合同、PPP项目子合同、项目建设协议的签订，项目正式落地实施，为南平林业建设引入了金融活水，极大地推动了林业绿色发展、高质量发展。

2. 突破技术瓶颈，开展可持续经营提升森林综合效益

林地经营收益一直是林农重要的经济收入来源。如何找到既能保障经济收益，又能提高生态效益，实现"双赢"的新经营方法？在20世纪七八十年代，南平市重点培育了以杉木和马尾松为主的人工林，这使森林中针叶树种得过多，树种分布不均衡，进而影响了森林整体的生态效益。从2014年起，市林业局开始探索多种经营的方法，在国家储备林质量精准提升工程项目实施中，科学编制造林营林方案，积极探索混交"三改"模式。一是"改单一针叶林为针阔混交林"，通过推广针阔混交造林、择伐套种阔叶树等手段，增强林地亩均产出。二是"改单层林为复层异龄林"，最大限度模拟恢复森林原生态。三是"改一般用材林为特种乡土珍稀用材林"，在现有林改培时，优先选用闽楠、南方红豆杉等乡土珍稀树种。同时，通过林下种植中草药、发展森林旅游等途径，"以短养长"，取得了一定效益。

3. 深化赎买改革，"一站式"便捷服务促进林业规模经营

尽管南平市拥有极为丰富的森林资源，但这些资源却呈现高度分散的特点。林农们对于自身林地的管理和利用方式也日趋多样化。同时，南平市内

有大量山林被划定为重点水土流失治理区及其他重要生态区域。这一系列因素导致林农们前期的投资难以在预期时间内得到回报，从而使得生态保护措施与林农的经济利益之间产生了冲突。从2013年起，南平市以"生态得保护，林农利益得维护"为目标，以自愿有偿、公开公平公正和生态优先为原则，在武夷山市开展先行先试，探索通过赎买、租赁、补助等方式，按照生态功能级别和轻重缓急，将重点生态区位商品林收储起来，并进行科学经营，缓解林农和生态保护矛盾中最紧迫的矛盾。

林业部门转变管理方式，创新服务方法，为林业资源资本化、规模化提供便利条件。自林权改革以来，林地与林木的交易流通日益频繁。南平市遵循《福建省森林资源流转条例》的指导，构建了一套覆盖市、县、乡三级的林权流转交易服务网络平台体系。该体系集成了信息发布、交易执行以及林权变更的全过程，确保了流转活动的信息化与网络化运作。林农一旦获得林权证，便能依法实现转让、租赁、参股、抵押等多种灵活方式的林权流转，为林业规模化经营奠定了坚实的基础。

由于林权资产在评估、监管及风险处理上存在诸多难题，且缺乏足够的担保支持，金融机构对林业经营者的贷款申请往往持谨慎态度。经过深入调研与精心规划，南平市提出了相应政策指导，鼓励各下辖县（市、区）依靠国有林业经营单位，成立具有国有性质的林业资源收储机构，从而有效降低了银行金融机构的放贷风险，林权抵押贷款中逾期的，对抵押物依法予以收储。同时，南平市借鉴商业银行分散化输入和集中式输出的模式，探索建设"生态银行"。在全国范围内率先推行的"生态银行"建设模式，为生态产品价值的有效转化提供了可借鉴、可推广的实践经验。

（二）实践经验

我国已确立了社会主义生产资料公有制，这一制度从根本上阻止了资本掠夺环境资源的可能性，然而，环境权益分配不公正的现象依然存在。究其原因，主要是资源利用和管理体系存在缺陷，使得全民所有的自然资源资产的所有权主体不明确，所有权人的权益未能得到有效保障。要实现人与自然和谐共生，必须要尊重自然、顺应自然，并以此为依据，进行顶层设计与制度创新，根据自然特征加强管理。

通过集体林权制度改革，建立起产权归属清晰、经营主体到位、责任划分明确、利益保障严格、流转程序规范、监管服务有效的林业产权制度。只有在林改过程中始终坚持并不断完善林业产权制度，才能有效保障林农的合法权益。在南平市的林改进程中，始终致力于优化集体林产权制度，并以此为基石，推动林权流转机制、林权抵押贷款制度以及林木收储体系的全面建立与完善。这一系列举措切实保证了林农能够公平地拥有集体林地的承包经营权，满足了他们自主经营林业的迫切需求，为林农带来了林业经营的可预期收益，从而在制度层面为林农的合法权益提供了坚实保障。

南平市实施"生态赎买"改革和探索建立"森林生态银行"等创新措施，成功地将原本零散的森林资源进行了有效整合。在整合过程中，南平市科学把握了分散与集中的平衡，实现了森林资源的规模化运营、资本化运作、精细化提升以及多元化发展。这些举措不仅显著提升了森林的质量，还大幅提高了森林的综合效益，有力促进了绿水青山向金山银山的转化。

当然，在整个集体林权制度改革过程中，由于涉及面广、触及层次深，问题矛盾复杂，需要政府主导，通过理论分析和实际调研相结合，找准核心问题，从机制体制上提出解决方案，并通过整合，统筹促进各项机制措施相互融合，逐渐形成新型林业治理模式。

第五节　云南：贡山县独龙江乡生态扶贫的生动实践[①]

位于滇藏交界地带的云南省贡山独龙族怒族自治县（简称"贡山县"）独龙江乡，是独龙族在国内的唯一聚居区域。该地区的森林覆盖率高达93.10%，且高等植物和野生动物种类超过1000种，被誉为自然地貌的博物馆、生物物种的基因宝库，是"云南旅游中尚待探索的最后一片原始净土"。然而，良好的生态环境并没有给这里的村民带来幸福的生活。由于独特的自然条件和社会发展水平限制，独龙族民众长期依赖"轮作烧荒、原始耕作、大面积播种低产作物"等落后生产生活方式维持生计，生活困苦。为独龙族找到一条无须"伐木毁林、焚烧山野"也能实现脱贫并能富裕的发展道路，成为当地党政面临的重要任务。

[①] 生态环境部，https：//www.mee.gov.cn/2019-09-02，原来的题目为《美丽中国先锋榜（19）｜云南贡山县独龙江乡生态扶贫的生动实践》，收入本书时有较大修改。

（一）主要做法

1. 保护优先，创造性地制定符合实际的相关法规措施和实施生态补偿政策

随着国家生态环境保护政策的推行与生态修复工程的开展，独龙江乡的发展重点已从"着重开发"转向了"侧重保护"。这一转变对独龙江而言，不仅标志着其生产方式上的重大调整，也代表着人们思想观念上的一次深远飞跃。面对巨大的变革与发展机遇，当地党委政府采取了"三项并举"的策略。首先，强化法治，确保良好治理。他们针对非法砍伐、非法狩猎、私自挖掘野生药材等行为，制定了详细的惩罚措施。其次，明确方向，规划生态修复蓝图。他们启动了《独龙江生态保护规划》的编制工作，旨在科学描绘独龙江未来的生态美景——让后代能在星空下仰望，看到青山连绵，嗅到花香四溢。最后，持续深化宣传教育。通过广泛开展"守护生态，共创美好家园"的教育活动，使"绿水青山就是金山银山"理念深入人心，成为独龙族每一位成员自觉践行的行动指南。

让群众在环境保护中增加收入，同时在收入增长的过程中更加注重环境保护，既改善了生态环境，又解决了群众的温饱与增收难题。通过选拔生态护林员，并建立起"网格化"的管理体系，积极响应中央提出的"运用生态补偿和生态保护工程项目资金，帮助当地部分有劳动能力的贫困人口转变为护林员等生态保护工作人员"的号召。这一举措不但有效地保护了生态环境，而且为那些无法外出务工、没有其他就业途径、缺乏脱贫能力、坚守边疆的贫困人口提供了就地就业和脱贫的宝贵机会，使他们每年能够获得1万元的工资性收入。

2. 立足实际，确定以草果为主的林下特色产业

独龙江拥有得天独厚的林业资源，为林产业的发展提供了广阔的空间和巨大的潜力。在选择发展哪种林产业能带来致富的问题上，当地党委运用"上下走访调研与横向比较分析"相结合的方式，积极探寻发展路径，并最终决定大力发展草果产业。通过林下草果种植的先行先试，为独龙族群众探索出一条符合当地实际的特色产业发展道路。这不起眼的"草果小苗"，为独龙江带来了产业繁荣的新希望。同时，安排村组干部及热情高涨的农户前往外地参观学习，他们归来后通过自己的亲身经历和感受，增强了村民们种植草果的信心。随后，采取以个别带动整体，从一户扩展到多户、从一个村民小组推广到多个小组、从一个行政村扩展到多个行政村的方式，逐步扩大了草果的种植范围。

紧扣生态主题，大力发展林、农、牧、游"复合"经营模式。乡党委和乡政府广泛推行"林业+"的生产经营方式，显著提升了林地的使用效率和经济效益。现在，在政府的提倡下，独龙族群众探索出"林+畜禽"模式、"林+蜂"模式、"林+菌"模式、"林+游"模式等。独龙江峡谷凭借其完好无损的原始自然风光，以及以独特峡谷和高山草甸为核心的景观资源，成功开发出独具特色的旅游乡村项目。生态农业旅游、独龙族美食文化体验以及原生态民俗风情体验等一系列特色村庄，也被旅游者视为"打卡地"。

3. 下沉力量，打通制约发展的基础设施建设的"最后一公里"

"道路通，则财富通"。面对独龙江乡基础设施落后（尤其是交通设施）、基层干部与农技人员能力欠缺以及民众内在发展动力不足等挑战，省、州、县各级政府部门齐心协力，深入一线，共同应对。他们聚焦于生态保护与脱贫攻坚两大目标，助力独龙江乡完善了水利、电力、交通等基础设施建设，从而彻底终结了该地因大雪而交通中断达半年的历史。同时，他们全力以赴地整合各类资源，推动特色小镇建设、旅游产业发展、环境保护工作、人居环境改善、民众整体素质提升、基础设施强化等多方面的升级行动。这些举措为独龙江乡在生态环境保护与经济社会发展的和谐共进中注入了强劲的动力。

（二）实践经验

一直以来，人们认为，生产创造价值，保护不创造价值，没有任何贡献。在优美生态环境越来越少的今天，要坚持"保护优先，保护也能产生贡献，保护生态也就是保护生产力"的理念。独龙江乡百姓守护边疆，保护生态，为生态文明建设作出了贡献，我们应当给予那些保护并促进自然力发展的贡献者以更多支持。

云南省贡山县独龙江乡秉承"在保护中发展、在发展中脱贫"的理念，把脱贫攻坚与生态文明建设相结合，推动生态环境不断改善。该县将生态文明建设与特色产业发展相融合，促进群众收入持续增长。确定适合当地的产业，是确保生态环境保护与经济社会发展相辅相成的核心要素。缺乏产业支撑，群众将面临困境，而环境保护也会成为"纸上谈兵"。因此，必须精心挑选产业，依据当地丰富的自然资源，积极探索将生态优势转化为产业优势的有效机制和路径，确保"绿水青山"能够持续稳定地转化为生态经济，从而带来实实在在的"金山银山"。

要充分发挥政府主导作用，力量下沉，积极帮助弱势群体解决生存发展问题。要将帮扶工作队打造成一支不怕困难、冲锋在前，团结人民、凝聚人心的指导队，一支全心全意为人民服务的服务队。

综上所述，五个案例分别从"自然生产力的保护""在保护中发展，在发展中保护""跨省流域生态保护补偿""深化集体林权制度改革"以及"生态扶贫"等不同视角阐释环境正义由理念到实践的转变，从另一个层面论证我国生态文明建设对环境正义的追求。

在当今社会，生态环境保护已经成为全球范围内的重要议题。与此同时，社会公平正义也是我们追求的目标。一个关乎自然，一个关乎人类社会，实际上它们紧密联系，相互影响，相互促进。环境正义作为连接这两者的桥梁，不仅关乎人与自然的和谐共生，更体现了对让全体社会成员公平享有环境权益的追求。

西方国家同样在努力研究如何维护个人的环境权益。然而，他们的探讨路径往往侧重于个人与社会、个人与政府之间的对立关系，而没有将环境权构建在自然与人类和谐共生、个人与社会利益、个人与国家利益相互协调的基础之上。正因如此，他们的理论要么倾向于人类中心主义的观点，要么偏向动物中心主义的立场，难以实现人类与自然界的有机融合。

我们所倡导的环境正义理念，着重于个人、社会与自然利益的和谐统一。应在确保个人、社会及国家利益，以及自然与后代利益均得到充分考虑的基础上，追求各方面的协调与可持续发展。这样的理念旨在既保障个人当前的基本且合理的权益，又确保这些权益能够长远且可持续。它致力于实现整体利益、长远利益与个人当前利益的平衡与协调。

自然力的保护是环境正义理念的核心。自古以来，人类依赖自然资源生存发展，而自然资源的有限性和脆弱性要求我们必须珍惜和保护自然资源。从广义上看，环境正义不仅关注人与人之间的环境权益分配，更强调人与自然关系的和谐。这意味着在享受自然资源带来的福祉时，我们应承担起保护

环境正义：从理念到行动

环境的责任，确保资源的可持续利用。近年来，我国推动的京津冀协同发展、长江经济带高质量发展、黄河流域生态保护和高质量发展等重大战略，都将生态环境保护作为核心任务之一。通过中央对生态环境保护的督察，推动各地坚定不移走生态优先、绿色发展之路，实现了经济效益、环境效益、社会效益的"多赢"。

在保护中发展，在发展中保护，是环境正义理念在实践中的生动体现。习近平总书记强调，"经济发展不应是对资源和生态环境的竭泽而渔，生态环境保护也不应是舍弃经济发展的缘木求鱼"。① 这一理念在长江经济带的生态修复和环境治理中得到了具体落实。长江大保护全面控源截污，清理整治违规占用岸线问题，通过实施入江污水处理、推进生态修复工程等措施，实现了水环境质量的显著改善，使长江"岸线污染带"变成"岸线风光带"。

跨省流域生态保护补偿机制是环境正义理念在区域协调发展中的具体应用。这一机制通过流域上下游地方政府之间的协商合作，实现了成本共担、效益共享、相互监督，促进了生态保护区域外部性的内部化。新安江流域生态补偿机制作为全国首个试点，通过"生态共保、环境联治、产业联动、要素共享、协同合作"的新机制，打破了行政区划限制，保障了跨流域环境安全，实现了效益共享、合作共赢。汀江—韩江流域生态补偿机制、东江流域生态补偿机制等也探索形成了"权责共担、环境共治、效益共享"的新模式，取得了显著成效。这些实践证明了跨省流域生态保护补偿机制在促进区域协调发展、实现环境正义方面的重要作用。

深化集体林权制度改革是环境正义理念在农村林业发展中的具体实践。集体林是提升碳汇能力的重要载体，是维护生态安全的重要基础，也是实现乡村振兴的重要资源。深化集体林权制度改革，旨在巩固和完善农村基本经营制度，促进农民就业增收，推动绿色发展。通过实行集体林地所有权、承包权、经营权"三权分置"，放活林地经营权，发展林业适度规模经营，加强森林经营，保障林木所有权权能，积极支持产业发展等措施，这不仅有助于提升森林资源的质量和效益，也促进了林区发展条件的持续改善和农民收入的持续增加。

生态扶贫是环境正义理念在生态富民工作中的具体体现。生态富民工作

---

① 《习近平著作选读》第 1 卷，人民出版社，2023，第 114 页。

不仅要解决贫困人口的生计问题，还要注重生态保护与环境治理，让生态保护贡献者也能通过保护生态而实现富裕。在生态富民过程中，我们常常面临资源匮乏和环境污染的问题。因此，我们应该从生态环境治理的角度出发，制订科学的发展规划，推广生态农业的种植方式，引导绿色产业的发展，加强对环境污染的监测和治理。发展生态旅游、农产品加工、环境治理等产业，既能够创造就业机会，又不会对当地的生态环境造成重大影响。同时，建立健全环境治理体系，加强对污染企业的监管，加大环境修复力度，确保当地居民的生活环境更加安全和健康。这些措施不仅有助于实现可持续的生态富民发展，也能促进环境正义的实现。

当前，环境正义理念在我国生态文明建设中得到了广泛而深入的贯彻。从自然力的保护到在保护中发展、在发展中保护，从跨省流域生态保护补偿到深化集体林权制度改革，再到生态扶贫，这些实践不仅体现了对环境正义的不断追求，也推动了我国生态文明建设的进步。未来，我们应继续坚持环境正义的理念，加强生态环境保护与经济社会发展的协调统一，在党的领导下，推动形成人与自然和谐共生的新格局，为建设美丽中国、实现中华民族伟大复兴的中国梦贡献自己的力量。

参考文献

一　经典文献

[1]《习近平关于全面建成小康社会论述摘编》，中央文献出版社，2016。

[2]《习近平关于社会主义生态文明建设论述摘编》，中央文献出版社，2017。

[3]《习近平关于总体国家安全观论述摘编》，中央文献出版社，2018。

[4]《习近平谈治国理政》，外文出版社，2014。

[5]《习近平著作选读》第1卷，人民出版社，2023。

二　著作

[1]〔联邦德国〕A. 施密特：《马克思的自然概念》，欧力同、吴仲昉译，商务印书馆，1988。

[2]〔法〕阿尔贝特·史怀泽：《敬畏生命》，陈泽环译，上海社会科学院出版社，1992。

[3]〔美〕阿纳什：《大自然的权利》，杨通进译，青岛出版社，1999。

[4]〔古希腊〕柏拉图：《理想国》，郭斌和等译，商务印书馆，1986。

[5] 本书编写组主编《马克思主义基本原理》，高等教育出版社，2021。

[6]〔美〕彼得、辛格：《实践伦理学》，刘莘译，东方出版社，2005。

[7]〔美〕彼得·辛格：《动物解放》，祖述宪译，青岛出版社，2006。

[8] 陈开先：《政治哲学史教程——一种解读人类政治文明传统的新视角》，科学出版社，2010。

[9] 陈晏清、王南湜、李淑梅：《马克思主义哲学高级教程》，南开大学出版社，2001。

[10]〔英〕戴维·米勒：《社会正义原则》，应奇译，江苏人民出版社，2002。

[11]〔英〕戴维·佩珀：《生态社会主义：从深生态学到社会正义》，刘颖译，山东大学出版社，2012。

[12]〔英〕戴维·佩珀：《现代环境主义导论》，宋玉波、朱丹琼译，格致出版社、上海人民出版社，2011。

[13]杜祥琬等主编《生态文明建设的重大意义与能源变革研究》（第1卷），科学出版社，2017。

[14]方世南：《马克思恩格斯的生态文明思想——基于〈马克思恩格斯文集〉的研究》，人民出版社，2017。

[15]〔美〕福斯特：《马克思的生态学——唯物主义与自然》，刘仁胜、肖锋译，高等教育出版社，2006。

[16]何怀宏：《伦理学是什么》北京大学出版社，2002。

[17]〔德〕黑格尔《实在哲学》，转引自〔德〕阿克塞尔·霍耐特《为承认而斗争》，胡继华译，上海人民出版社，2005。

[18]洪银兴主编《可持续发展经济学》，商务印书馆，2000。

[19]郇庆治主编《重建现代文明的根基——生态社会主义研究》，北京大学出版社，2010。

[20]〔美〕霍尔姆斯·罗尔斯顿：《环境伦理学》，杨通进译，中国社会科学出版社，2000。

[21]江西省地方志编纂委员会主编《江西省环境保护志》，中共中央党校出版社，1994，

[22]〔美〕杰弗里·希尔：《生态价值链——在自然与市场中建构》，胡颖廉译，中信出版集团，2016。

[23]〔美〕拉尔夫·沃尔多·爱默生：《自然沉思录》，博凡译，上海社会科学院出版社，1991。

[24]林进平：《马克思的"正义"解读》，社会科学文献出版社，2009。

[25]刘海霞：《环境正义视阈下的环境弱势群体研究》，中国社会科学出版社，2015，第60页。

[26]〔英〕洛克：《政府论》（下篇），叶启芳、瞿菊农译，商务印书馆，1964。

[27]〔美〕马萨·C.纳斯鲍姆：《正义的前沿》，朱慧玲等译，中国人民大

学出版社，2016。

[28]〔美〕迈克尔·沃尔泽：《正义诸领域：为多元主义与平等一辩》，褚松燕译，译林出版社，2002。

[29]〔美〕南茜·弗雷泽：《正义的尺度——全球化世界中政治空间的再认识》，欧阳英译，上海人民出版社，2009。

[30] 裴广川主编《环境伦理学》，高等教育出版社，2002。

[31]〔荷兰〕斯宾诺莎：《神学政治论》，温锡增译，商务印书馆，1963。

[32]〔美〕托马斯·杰斐逊：《杰斐逊选集》，朱曾汶译，商务印书馆，2011。

[33] 王彩波：《西方政治思想史——从柏拉图到约翰·密尔》，中国社会科学出版社，2004。

[34] 王广：《正义之后》，江苏人民出版社，2010。

[35] 王韬洋：《环境正义的双重维度：分配与承认》，华东师范大学出版社，2015。

[36]〔古希腊〕亚里士多德：《尼各马科伦理学》，苗力田译，中国人民大学出版社，2003。

[37]〔古希腊〕亚里士多德：《政治学》，吴寿彭译，商务印书馆，1965。

[38]〔德〕伊曼努尔·康德：《道德形而上学原理》，苗力田译，上海人民出版社，2005。

[39] 解保军：《生态学马克思主义名著导读》，哈尔滨工业大学出版社，2014。

[40] 解保军：《生态资本主义批判》，中国环境出版社，2015。

[41] 曾建平：《环境公正：中国视角》，社会科学文献出版社，2013。

[42] 曾建平：《环境正义：发展中国家环境伦理问题研究》，山东人民出版社，2007。

[43] 张小芳、江丹、李媛、任重：《自然生态系统的伦理学逻辑与文化阐释》，江西人民出版社，2014。

[44]《中国环境年鉴》编辑委员会编《中国环境年鉴1994》，中国环境科学出版社，1994。

[45] 周国文主编《西方生态伦理学》，中国林业出版社，2017。

三　期刊论文

[1] 白立强：《马克思人化自然观视阈下当代中国和谐生态文明的构建》，

《武汉理工大学学报》（社会科学版）2009 年第 4 期。

[2] 蔡守秋：《论环境法》，《郑州大学学报》（哲学社会科学版）2002 年第 2 期。

[3] 曹卫国：《我国环境正义问题及成因的多维分析》，《福州大学学报》（哲学社会科学版）2018 年第 5 期。

[4] 曹卫国：《我国环境正义问题及成因的多维分析》，《福州大学学报》（哲学社会科学版）2018 年第 5 期。

[5] 谌彦辉：《山西富人的生态移民》，《乡镇论坛》2006 年第 8 期。

[6] 董金明：《论自然资源产权的效率与公平——以自然资源国家所有权的运行为分析基础》，《经济纵横》2013 年第 4 期。

[7] 傅华：《论生态伦理的本质》，《自然辩证法研究》1999 年第 8 期。

[8] 耿莉：《生态利益的形成机理及其功能的研究》，《商情（教育经济研究）》2008 年第 3 期。

[9] 巩固：《环境法典基石概念探究——从资源、环境、生态概念的变迁切入》，《中外法学》2022 年第 6 期。

[10] 何林：《论习近平对马克思生态思想的丰富与发展》，《广西社会科学》2017 年第 4 期。

[11] 洪大用：《环境公平：环境问题的社会学视点》，《浙江学刊》2001 年第 4 期。

[12] 洪大用、龚文娟：《环境公正研究的理论与方法述评》，《中国人民大学学报》2008 年第 6 期。

[13] 康镇麟：《人化自然的三种样态》，《求索》2012 年第 3 期。

[14] 柯妍：《从环境伦理角度思考环境立法目的的改造》，《国土与自然资源研究》2004 年第 2 期。

[15] 雷俊：《城乡环境正义：问题、原因及解决路径——基于多维权力分布的视角》，《理论探索》2015 年第 2 期。

[16] 李洁、黄仁辉、曾晓青：《不确定性容忍度对跨期选择的影响及其情景依赖性》，《心理科学》2015 年第 3 期。

[17] 李胜辉：《深生态学与人类中心主义》，《云南社会科学》2014 年第 5 期。

[18] 廖运生、虞新胜：《论"以人民为中心"视域下生态利益的实现》，

《中共天津市委党校学报》2022 年第 3 期。

[19] 林兵、赵玲：《理解环境意识的真实内涵——一种哲学维度的思考》，《长春市委党校学报》2001 年第 6 期。

[20] 彭国栋：《浅谈环境正义》，《自然保育季刊》1999 年第 28 期。

[21] 彭兴庭：《分配与承认：正义的两个维度》，《南风窗》2007 年第 10 期。

[22] 佘正荣：《人类何以对自然负有道德义务》，《江汉论坛》2007 年第 10 期。

[23] 司文聪：《生态利益的识别与衡平》，《江南论坛》2017 年第 2 期。

[24] 孙全胜：《马克思生态正义思想的三重维度》，《理论视野》2003 年第 7 期。

[25] 唐爱军：《中国式现代化开启人类文明新形态》，《海南日报》2021 年 7 月 9 日。

[26] 王京歌：《环境正义视角下的农民环境权保护》，《河南大学学报》（社会科学版）2017 年第 3 期。

[27] 王韬洋：《有差异的主体与不一样的环境"想象"——"环境正义"视角中的环境伦理命题分析》，《哲学研究》2003 年第 3 期。

[28] 王岩：《生态正义的中国意涵与逻辑进路》，《哲学研究》2022 年第 5 期。

[29] 王永生、刘彦随：《中国乡村生态环境污染现状及重构策略》，《地理科学进展》2018 年第 5 期。

[30] 王正平：《发展中国家环境权利和义务的伦理辩护》，《哲学研究》1995 年第 6 期。

[31] 韦敏：《气候变化治理中的"系统"与"生活世界"——以棕榈油开发下的印尼泥炭沼泽森林破坏为例》，《自然辩证法通讯》2020 年第 9 期。

[32] 邬晓燕：《绿色发展及其实践路径》，《北京交通大学学报》（社会科学版）2014 年第 3 期。

[33] 徐水华、陈璇：《习近平生态思想的多维解读》，《求实》2014 年第 11 期。

[34] 徐文明：《环境法视野下的环境伦理》，《中国海洋大学学报》2012 年第 6 期。

[35] 薛勇民、张建辉：《环境正义的局限与生态正义的超越及其实现》，《自然辩证法研究》2015 年第 12 期。

[36] 杨庆育：《必须重视绿色发展的生态产品价值》，《红旗文稿》2016年第5期。

[37] 于爽：《有机马克思主义的"生态正义"理念——基于自由、人权、民主、正义相关理论》，《理论观察》2017年第9期。

[38] 虞新胜、陈世润：《再论环境正义》，《自然辩证法研究》2017年第9期。

[39] 虞新胜、陈世润：《争议中的环境正义：问题与路径》，《理论月刊》2017年第9期。

[40] 虞新胜、廖运生：《社会主义生态制度：人民性与科学性相统一》，《广西社会科学》2021年第10期。

[41] 张彭松：《"内在价值"理论反思与生态伦理思想整合》，《安徽师范大学学报》（人文社会科学版）2019年第1期。

[42] 张也、俞楠：《国内外环境正义研究脉络梳理与概念辨析：现状与反思》，《华东理工大学学报》（社会科学版）2018年第3期。

[43] 朱力、龙永红：《中国环境正义问题的凸显与调控》，《南京大学学报》（哲学·人文科学·社会科学版）2012年第1期。

[44] 朱正威、王琼、吴佳：《邻避冲突的产生与演变逻辑探析》，《南京社会科学》2017年第3期。

[45] 竺效、丁霖：《绿色发展理念与环境立法创新》，《法制与社会发展》2016年第2期。

四 外文文献

[1] Amartya Sen, *The Quality of Life*, New York: Clarendon Press Oxford University Press, 1993.

[2] Amartya Sen, *On Ethics and Economics*, NY: Basil Blackwell, 1987.

[3] Andrew Dobson, *Justice and the Environment: Conceptions of Environmental Sustainability and Theories of Distributive Justice*, Oxford: Oxford University Press, 1998.

[4] Martha C. Nussbaum, "Capabilities as Fundamental Entitlements: Sen and Social Justice," in Thom Brooks, ed., *Global JusticeReader*, MA: Blackwell Publishing, 2008.

图书在版编目(CIP)数据

环境正义：从理念到行动 / 虞新胜著. --北京：社会科学文献出版社，2025.4. --ISBN 978-7-5228-4893-8

Ⅰ.X321.2

中国国家版本馆 CIP 数据核字第 2024HF9906 号

环境正义：从理念到行动

著　　者 / 虞新胜

出 版 人 / 冀祥德
组稿编辑 / 曹义恒
责任编辑 / 刘同辉
责任印制 / 岳　阳

出　　版 / 社会科学文献出版社·马克思主义分社（010）59367126
　　　　　　地址：北京市北三环中路甲 29 号院华龙大厦　邮编：100029
　　　　　　网址：www.ssap.com.cn

发　　行 / 社会科学文献出版社（010）59367028
印　　装 / 三河市尚艺印装有限公司

规　　格 / 开　本：787mm×1092mm　1/16
　　　　　　印　张：11.25　字　数：192 千字

版　　次 / 2025 年 4 月第 1 版　2025 年 4 月第 1 次印刷
书　　号 / ISBN 978-7-5228-4893-8
定　　价 / 85.00 元

读者服务电话：4008918866

版权所有 翻印必究